Moosfrösche
Die Gattung *Theloderma*

von Kriton Kunz, Sandra Honigs und Tobias Eisenberg

Terrarien NTV Bibliothek
Natur und Tier - Verlag

Widmung

Wir widmen dieses Buch Sergei Ryabov

Bildnachweis Umschlag
Titelbild: *Theloderma corticale* Foto: K. Kunz
Rückumschlag: halbwüchsiges Exemplar von *Theloderma corticale* (oben), *Theloderma stellatum* (Mitte), *Nyctixalus pictus* (unten) Fotos: K. Kunz
Hintergrund: Makroaufnahme der Haut von *Theloderma corticale* Foto: K. Kunz
Seite 1: *Theloderma corticale* Foto: K. Kunz

Mit einer gekennzeichneten Ausnahme erfolgten alle in diesem Buch erwähnten schriftlichen oder mündlichen Mitteilungen an Kriton Kunz.

1. Auflage 2010

ISBN: 978-3-86659-155-4

An der Kleimannbrücke 39/41
48157 Münster
www.ms-verlag.de

Geschäftsführung: Matthias Schmidt
Lektorat: Mike Zawadzki
Layout: Nick Nadolny
Druck: Alföldi, Debrecen

Inhalt

Vorwort

Autoren, die für den Natur und Tier - Verlag Bücher über Pflege und Nachzucht bestimmter Terrarientiere verfassen, besitzen oft jahrzehntelange Erfahrungen mit den vorgestellten Arten. Unsere praktischen Erfahrungen mit den Fröschen der Gattung *Theloderma* reichen noch nicht ganz so lange zurück. Warum wir uns dennoch daran machten, ein Buch über diese Tiere zu schreiben? Nun, es gibt in Mitteleuropa einfach noch keine lange Tradition der Beschäftigung mit diesen hochinteressanten Tieren. Erst seit einigen Jahren sind überhaupt Exemplare verschiedener Arten erhältlich, und Nachzuchterfolge sind nach wie vor Mangelware, wenn sie auch erfreulicherweise zunehmen. Wir hatten jedoch das Glück, zu den Ersten zu zählen, denen hierzulande die Vermehrung verschiedener Arten von Moosfröschen gelang. So können etwa das Engagement und die Erfolge von Sandra Honigs im Rahmen ihrer Tätigkeit als stellvertretende Direktorin des renommierten Aquazoo - Löbbecke Museum Düsseldorf hier nicht unerwähnt bleiben – ihr und ihrem engagiertem Tierpflegerteam glückten u. a. die ersten Nachzuchten von *Theloderma bicolor*, *T. corticale* und *T. stellatum* in einem deutschen Zoo, außerdem koordiniert sie das Erhaltungszuchtprojekt für *T. corticale* und hat sich auch weiterer Arten der Gattung sehr erfolgreich angenommen. Dr. Tobias Eisenberg ist Veterinär mit besonderem Interesse für Amphibien und Reptilien und war einer der Ersten in Deutschland überhaupt, denen die Nachzucht von *T. corticale* gelang. Kriton Kunz, ebenfalls einer der ersten deutschen Züchter von *T. asperum* und *T. corticale*, glückte darüber hinaus die deutsche Erstnachzucht von *T. bicolor*, *T. horridum*, *T. leporosum* und *T. stellatum* sowie von *Nyctixalus pictus*. außerdem sorgte er dafür, dass verschiedene deutsche und internationale zoologische Gärten (z. B. in Berlin, Düsseldorf, Frankfurt, Stuttgart, Wien, Warschau, Plock, Riga) sowie engagierte private Teil-

Theloderma leporosum
Foto: K. Kunz

nehmer des erwähnten Erhaltungszuchtprogramms überhaupt erst einmal an Gründertiere verschiedener Moosfroscharten kamen, und beriet sie überdies mit entsprechenden Haltungshinweisen. Wir erwähnen all das an dieser Stelle nicht, um uns aufzuplustern, sondern lediglich um zu zeigen, wie tief unser Interesse an Moosfröschen ist und mit wie viel Hingabe und Herzblut wir bei der Sache sind.

Mit diesem Buch möchten wir unsere Begeisterung für diese fantastischen Tiere ebenso wie die gewonnenen Einblicke in ihre Biologie, Haltung und Vermehrung gerne mit Ihnen teilen, liebe Leserinnen und Leser. Gerade angesichts der Tatsache, dass die Frösche nach und nach etwas einfacher und zu immer erschwinglicheren Preisen für Terrarianer verfügbar werden, erschien es uns notwendig, allen Interessierten einen Leitfaden zu ihrer Pflege und Nachzucht zusammenzustellen, der sicherlich auch den am Nachzuchtprogramm beteiligten öffentlichen Institutionen von Nutzen sein kann. Denn wenn man bei der Haltung von Moosfröschen einige Grundregeln beachtet und die Bedürfnisse der Tiere befriedigt, sind sie keineswegs heikel und danken die Bemühungen durch reichliche Vermehrung.

Wir wünschen Ihnen viel Freude und Erfolg mit den wundervollen Tarnkünstlern der Gattung *Theloderma*!

Kriton Kunz (KK),
Sandra Honigs (SH)
und Tobias Eisenberg (TE)
Speyer, Düsseldorf
und Langgöns,
im Sommer 2010

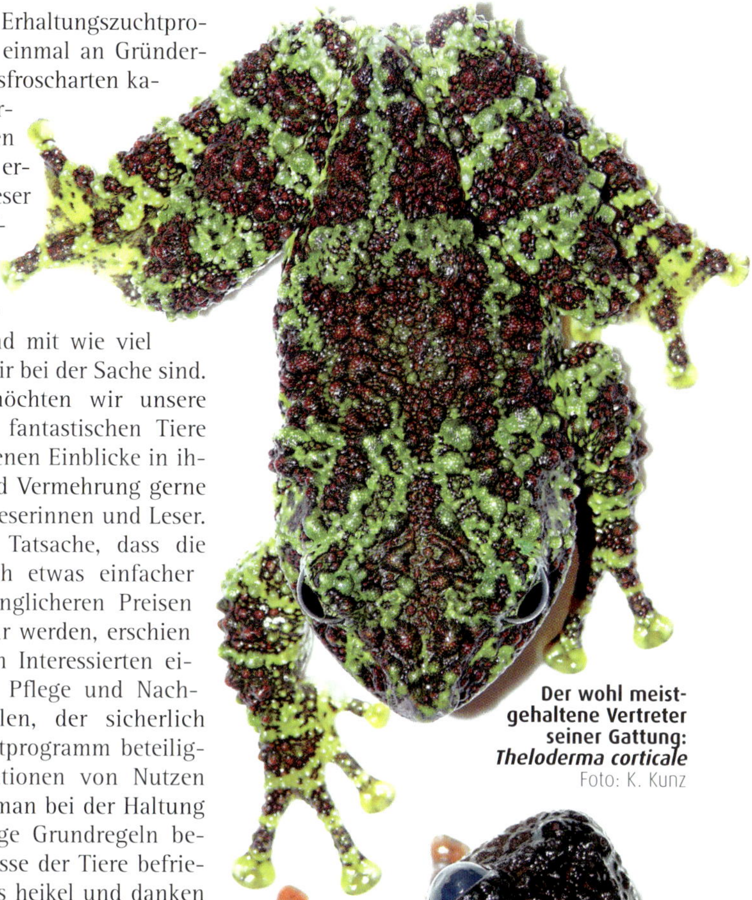

Der wohl meistgehaltene Vertreter seiner Gattung: *Theloderma corticale*
Foto: K. Kunz

Theloderma stellatum
Foto: K. Kunz

Porträt der Typusart der Gattung: *Theloderma leporosum* Foto: K. Kunz

Systematik

Die Gattung der Moosfrösche (*Theloderma*) zählt zur Familie der Baumfrösche (Rhacophoridae) und hier zur Unterfamilie der Rhacophorinae. Die meisten Arten weisen allerdings auf den ersten Blick nur wenig Ähnlichkeit mit typischen Vertretern dieser Gruppe auf, etwa Spezies der Gattungen Buschfrösche (*Philautus*) oder Ruderfrösche (*Polypedates*). Die Gattungszuordnung kleiner Rhacophoriden ist oft strittig und unsicher, worauf etwa Wilkinson et al. (2002) hinweisen. So grenzten beispielsweise Stuart & Heatwole (2004) die neu beschriebene Art *Philautus petilus* aufgrund ihrer glatten Haut von *Theloderma* (warzige Haut) ab. Allerdings wurde dann im Jahr 2007 durch McLeod & Ahmad *Theloderma licin* beschrieben – und diese Art trägt ihre glatte Haut sogar im Namen, denn „licin" ist das malaiische Wort für „glatt" ... Eine wirklich eindrucksvolle und verblüffende Studie dazu, wie unterschiedlich sich die Verwandtschaftsverhältnisse innerhalb der Rhacophoridae auslegen lassen und wie offensichtliche Fehler in der Literatur zu irrigen Einschätzungen führten, legten Wilkinson & Drewes (2000) vor.

Hier ist also sicher noch nicht das letzte Wort gesprochen, und mit weiteren Umstellungen ist zu rechnen. Beispielsweise ist Nikolai ORLOV davon überzeugt, dass es sich bei *Theloderma rhododiscus* in Wirklichkeit um eine Art der Gattung *Philautus* handelt (S. RYABOV, schriftl. Mittlg.).

Als diagnostisches Merkmal für die Gattung werden derzeit die Y-förmig gegabelten distalen (also körperfernsten) Fingerknochen angesehen (im Unterschied zu den nicht oder nur andeutungsweise gegabelten ersten Fingerknochen bei den Vertretern der nahe verwandten Gattung *Philautus*) sowie die Tatsache, dass die Kopfhaut bei *Theloderma* nicht mit dem Schädel zusammenhängend verknöchert (co-ossifiziert) ist, während dies bei den Vertretern der nahe verwandten Gattung *Nyctixalus* der Fall ist.

Erstmals beschrieben wurde die Gattung *Theloderma* 1838 durch TSCHUDI anhand von *T. leporosum* aus Sumatra. In der Folge wurden Angehörige dieser Gattung *Rhacophorus* und *Philautus* zugeschlagen, bis TAYLOR (1962) die Gattung *Theloderma* wieder einrichtete. Nachdem lange Zeit nur wenige Arten dieser Gattung bekannt waren, wurden 1962 vier weitere Spezies beschrieben, 2006 und 2007 dann erneut insgesamt drei, 2009 erfolgte die bislang jüngste Erstbeschreibung, nämlich von *T. lateriticum*. Entdeckungen weiterer Arten sind besonders aufgrund des kryptischen (verbergenden) Äußeren der Tiere, ihrer versteckten Lebensweise und der geografisch teils sehr beschränkten Vorkommen zwar schwierig, aber sehr wahrscheinlich, zumal sich die Gesamtverbreitung der Gattung über ein riesiges Gebiet von Nordost-Indien und Sri-Lanka bis Birma

***Theloderma gordoni* in Schreckstarre**
Foto: K. Kunz

***Theloderma licin* wurde erst 2007 beschrieben**
Foto: K. Kunz

sowie in den Süden Chinas erstreckt und in vielen Teilen der Vorkommen keine gezielten Suchaktionen durchgeführt werden bzw. werden können. Derzeit sind 15 Arten anerkannt, die im Folgenden mit Vorschlägen für deutsche Namen aufgeführt werden. Orlov et al. (2006) gaben an, es sei noch die Beschreibung einer weiteren Art von Sumatra in Vorbereitung. Wie mir (KK) allerdings von Sergei Ryabov mitgeteilt wurde, ist diese Art ebenso wie zwei weitere noch unbeschriebene von Borneo lediglich von Fotos bekannt. Außerdem soll in den USA mit zwei noch unbeschriebenen Arten gearbeitet werden (D. Fenolio, schriftl. Mittlg.). Weiterhin ist ein Foto eines mit ziemlicher Sicherheit der Gattung *Theloderma* angehörenden Exemplars aus der Provinz Uthai Thani im Westen Thailands bemerkenswert, das Zhao & Adler (1993) als Abbildung G der Farbtafel 15 präsentieren und diesen Autoren zufolge *T. asperum* zeigt. Es handelt sich dabei jedoch sicherlich nicht um *T. asperum*, eher schon um *T. stellatum*, doch könnte das Tier aufgrund abweichender Färbungsmerkmale eventuell auch eine noch unbeschriebene Art oder zumindest Unterart repräsentieren.

Orlov et al. (2010) führen auch das Taxon *schmarda* weiterhin in der Gattung *Theloderma*, doch Befunde von Li et al. (2009) sprechen dagegen – die letztgenannte Arbeit stellt diese Art in die Gattung *Pseudophilautus*, eine Auffassung, der wir uns hier anschließen.

Frost (2010) stellt *Aquixalus baibengensis* unter Vorbehalt zu *Theloderma*, basierend auf Fei et al. (2009), die *Theloderma* in *Aquixalus* aufgehen lassen, und der Aussage, *A. baibengensis* sei nahe mit *A. albopunctatus* (Synonym von *Theloderma asperum*) verwandt. Aufgrund der Vorläufigkeit dieser Maßnahme Frosts folgen wir ihr in diesem Buch nicht – die Stellung des Taxons *baibengensis* bedarf noch der Klärung.

Li et al. (2009) stellen die als *Ixalus tuberculatus* beschriebene, später in *Rhacophorus andersoni* „umgetaufte" und schließlich *Philautus* zugeschlagene Art zu *Theloderma*. Obwohl einiges für diese Einordnung spricht, übernehmen wir sie an dieser Stelle nicht, denn es bleibt abzuwarten, ob sie sich allgemein durchsetzen wird. Die Autoren selbst betonen, die Zuordnung bedürfe noch einer Überprüfung – derzeit folgt ihr Frost (2010), AmphibiaWeb (Stand: 11.06.2010) dagegen nicht.

Auf den ersten Blick haben Thelodermen mit anderen Familienangehörigen der Rhacophoridae wie diesem *Polypedates leucomystax* nicht allzu viel Ähnlichkeit
Foto: K. Kunz

Wussten Sie schon?

Einen einheitlichen deutschen Namen für die Gattung *Theloderma* gab es bislang noch nicht. Der wissenschaftliche Name leitet sich aus dem Griechischen ab und bedeutet so viel wie „Warzenhaut". „Warzenfrösche" oder „Warzenhaut-Frösche" hört sich aber erstens nicht sehr vorteilhaft an, zweitens trifft es auch nicht bei allen Arten der Gattung ins Schwarze, vor allem bei *T. licin*, dessen wissenschaftlicher Name sogar auf seine glatte Haut hinweist. Wir haben uns hier daher für den Namen „Moosfrösche" entschieden, der zwar auch nicht zu allen Vertretern passt, jedoch nach der bekanntesten Art der Gattung gewählt ist, *T. corticale*, und außerdem auch *T. bicolor* und *T. kwangsiense* treffend beschreibt.

Aktuell anerkannte *Theloderma*-Arten. Neben Vorschlägen zu deutschen Namen haben wir auch die englischen Namen wiedergegeben, um Recherchen beispielsweise im Internet zu erleichtern.

Theloderma asperum (Boulenger, 1886)	Rauer Flechtenfrosch; Rough-skinned small Treefrog, Warty Tree Frog, Hill Garden Bug-eyed Frog
Theloderma bicolor (Bourret, 1937)	Sa-Pa-Moosfrosch; Chapa Bug-eyed Frog
Theloderma corticale (Boulenger, 1903)	Vietnamesischer Moosfrosch; Vietnamese Mossy Frog, Tonkin Bug-eyed Frog
Theloderma gordoni Taylor, 1962	Weißscheiben-Rindenfrosch; Gordon's Warted Frog, Gordon's Bug-eyed Frog
Theloderma horridum (Boulenger, 1903)	Stacheliger Rindenfrosch; Thai Bug-eyed Frog
Theloderma kwangsiense Liu& Hu, 1962	Guangxi-Moosfrosch; Kwangsi Warty Treefrog
Theloderma lateriticum Bain, Nguyen & Doan, 2009	Ziegelroter Flechtenfrosch, Brick Red Warty Tree Frog
Theloderma leporosum Tschudi, 1838	Warzenhäutiger Rindenfrosch; Malaya Bug-eyed Frog
Theloderma licin McLeod & Ahmad, 2007	Glatter Flechtenfrosch; Smooth Skinned Wart Frog
Theloderma moloch (Annandale, 1912)	Moloch-Rindenfrosch; Assam Indonesian Treefrog
Theloderma nagalandense Orlov, Dutta, Ghate & Kent, 2006	Orangeflecken-Rindenfrosch; Nagaland Bug-eyed Frog
Theloderma phrynoderma (Ahl, 1927)	Krötenhaut-Rindenfrosch; Burmese Bug-eyed Frog
Theloderma rhododiscus (Liu & Hu, 1962)	Rotscheiben-Rindenfrosch; Chinese Bubble-nest Frog, Red-disked Small Treefrog
Theloderma ryabovi Orlov, Dutta, Ghate & Kent, 2006	Ryabovs Flechtenfrosch; Ryabov's bug-eyed frog
Theloderma stellatum Taylor, 1962	Schwimmhaut-Flechtenfrosch; Taylor's Bug-eyed Frog

Theloderma horridum Foto: K. Kunz

Kaum zu sehen: In Moos ist *Theloderma corticale* hervorragend getarnt Foto: K. Kunz

Tarnkünstler

Eine Eigenheit, die alle *Theloderma*-Arten teilen, und gleichzeitig einer derjenigen Faktoren, die diese Frösche für die Haltung im Terrarium so attraktiv machen, ist ihre teils geradezu unglaubliche Anpassung in Farbe und Form an den Untergrund, den sie bevorzugt bewohnen. Allesamt sind sie in ihrem natürlichen Biotop hervorragend getarnt – und das trifft auch auf Exemplare zu, die in entsprechend eingerichteten Terrarien gepflegt werden. Sicher hat schon so mancher Halter der Tiere einmal vergeblich nach einem Exemplar Ausschau gehalten, das ihm direkt vor der Nase saß. Ich (KK) entdeckte einmal ein Individuum von *T. stellatum* erst beim Betrachten eines Fotos am Bildschirm; eigentlich hatte ich nur ein Gelege dieser Art zu fotografieren geglaubt ... Und wer Einrichtungsgegenstände aus dem Terrarium nimmt, sollte tunlichst genau prüfen, ob da nicht doch noch ein Frosch an dem Korkrindenstück oder dem moosbewachsenen Ast sitzt.

Die Tarnkünste von *Theloderma gordoni* sind einfach verblüffend Foto: K. Kunz

Wir haben versucht, der jeweiligen Tarnung bei der Wahl des deutschen Namens etlicher Arten Rechnung zu tragen. Bei manchen kleineren Spezies wie *T. asperum*, *T. licin* und *T. stellatum* fallen insbesondere weiße Zeichnungselemente auf. Es wurde verschiedentlich im Internet gemutmaßt, dass die Tiere damit Vogelkot nachahmen. Das ist zwar nicht auszuschließen, aber wahrscheinlich imitieren sie damit vor allem weißliche Flechten, wie sie im Lebensraum der Frösche massenhaft auf der Rinde der Regenwaldbäume wachsen. ORLOV et al. (2006) sowie MCLEOD & AHMAD (2007) weisen bei den Erstbeschreibungen des Männchens von *T. ryabovi* bzw. bei der Erstbeschreibung von *T. licin* ausdrücklich auf diesen Umstand hin. Einige der grö-

Dieses Pärchen *Theloderma stellatum* ist wirklich nur mit sehr scharfen Augen zu erkennen
Foto: K. Kunz

Selbst völlig offen an einem Stück Korkrinde ohne begrünende Algen oder Moose sitzende *Theloderma bicolor* sind dank ihrer Färbung und Zeichnung, die ihre Konturen optisch stark auflösen, nicht auf den ersten Blick auszumachen, wie diese beiden Pärchen Foto: K. Kunz

ßeren Arten, wie *T. gordoni* oder *T. leporosum*, erinnern in ihrer Färbung und der Ausprägung ihrer faltigen, warzigen Haut an die raue Borke der Urwaldriesen, an denen sie leben. Und wieder andere, darunter auch die bekannteste Art, *T. corticale*, gleichen frappant einem moosbewachsenen Stück Fels oder einer algenüberzogenen Borke.

Die Tarnfärbung zieht sich bei vielen Arten selbst durch die Iris, wie hier bei *Theloderma corticale* Foto: K. Kunz

Obwohl der im Dämmerlicht aufgenommene Vietnamesische Moosfrosch auf diesem Foto fast bildfüllend zu sehen ist, musst man zweimal hinschauen, um seine genauen Umrisse wahrzunehmen Foto: T. Eisenberg

Erwerb

Moosfrösche werden leider noch nicht allzu häufig nachgezogen. Diese Tiere beispielsweise auf kleineren Terraristik-Börsen zu suchen, hat daher derzeit noch keine allzu großen Aussichten auf Erfolg. Zumindest einige Arten dagegen sind regelmäßig als Wildfänge (*T. asperum*), Farmzuchten (*T. corticale, T. bicolor*) oder sogar hin und wieder als ausländische oder heimische Nachzuchten (*T. asperum, T. bicolor, T. corticale, T. stellatum*) erhältlich. Exemplare weiterer Arten sind derzeit sehr selten oder nur durch sehr gute Beziehungen sowie als Einzelbeifänge in Importlieferungen zu bekommen.

Am besten wendet man sich zum Erwerb direkt an Züchter – hier erhält man nicht nur gesunde Frösche, sondern auch Tipps und Tricks zur Haltung sowie bei der unbedingt anzuratenden persönlichen Abholung auch Einblicke in die Pflegebedingungen der Tiere. Kontakte zu solchen Haltern lassen sich beispielsweise über Anzeigen auf entsprechenden Terraristik-Internetseiten knüpfen (etwa die Anzeigenseite auf www.reptilia.de oder www.terraristik.com), aber auch die Autoren dieses Buchs helfen Ihnen dabei sehr gerne weiter (kritonkunz@web.de, sandra.honigs@duesseldorf.de, teisenberg@web.de).

Offener Beinbruch bei einem aus dem Handel bestellten Wildfang von *T. asperum* – nach Möglichkeit sollte man auf Nachzuchten privater Liebhaber zurückgreifen und sie am besten selbst abholen Foto: K. Kunz

So sieht ein gesunder Moosfrosch aus, den Sie bedenkenlos erwerben können. Hier *Theloderma bicolor*. Foto: K. Kunz

Die getrockneten Blätter des Seemandelbaums liefern wichtige Inhaltsstoffe, die das Wassermilieu verbessern Foto: K. Kunz

„Quappentee" als Alternative zum Einsatz von Seemandelbaumblättern Foto: T. Eisenberg

Wichtig!

Bei der Eingewöhnung von Neuzugängen ebenso wie bei der langfristigen Haltung von Moosfröschen spielt anscheinend oft das Wasser des jeweiligen Standorts eine entscheidende Rolle. Dieser Punkt bekommt eine immer wichtigere Bedeutung, je mehr Erfahrungen über Moosfrösche publiziert werden (Arinin 2009; Evsyunin 2009; eigene Erfahrungen). Während manche Halter nicht aufbereitetes Leitungswasser benutzen und damit keine Probleme haben (z. B. SH und TE), berichten andere von Stresserscheinungen, anschließenden Erkrankungen und schließlich Ausfällen von Thelodermen (Wildfänge ebenso wie Nachzuchten) nach großvolumigen Wasserwechseln oder dem Einsetzen der Tiere ins Wasser eines neuen Standorts. Anzuraten ist daher eine Eingewöhnung wie unter „Quarantäne" beschrieben. Aus unserer Erfahrung hat es sich bewährt, dem Käufer bei der Abgabe von Moosfröschen einen Vorrat an „altem" Wasser mitzugeben, das er als eine Art „Starterkultur" in seiner Haltung benutzen und dann nach und nach auf sein eigenes Wasser umstellen sollte. So lassen sich drastische Veränderungen der Umweltbedingungen vermeiden, was die Frösche im Zweifelsfall mit dem Überleben danken.

Der Katappen- oder Seemandelbaum (*Terminalia catappa*) ist ursprünglich in Malaysia und dem westlichen Pazifikgebiet beheimatet, mittlerweile aber auch in vielen Ländern anderswo auf der Welt verbreitet. Seine Blätter weisen Inhaltsstoffe wie Tannine und andere bioaktive Substanzen auf, wirken im Wasser antibakteriell, senken etwas den pH-Wert und fördern die Heilung bei Verpilzungen oder Entzündungen. Ich (KK) setze sie sehr erfolgreich bei all meinen Arten ein. Ich empfehle daher, pro 50 l Wasser ein Seemandelbaumblatt hinzuzufügen. Man erhält sie im Aquaristikbedarf (auch im Internet) oder kann sie mit etwas Glück im Herbst auch in manchen botanischen Gärten und Parks vom Boden aufsammeln ...

Alternativ kann man den sog. „Quappentee" verwenden (Eisenberg 2003b), der sich aus einheimischen Inhaltsstoffen leicht herstellen lässt. Man erzeugt zunächst einen Extrakt aus 28 g Erlenzapfen, 28 g Torffasern (alternativ und aus Naturschutzgründen sogar vorzugsweise kann auch Eichenlaub verwendet werden) und 1,9 l Regenwasser. Dieser Sud wird nach einer 20-minütigen Kochphase gesiebt und dann 1 : 100 mit abgestandenem Leitungswasser verdünnt. Die Vorteile und Inhaltsstoffe sind weitgehend identisch mit den oben beschriebenen: Man muss das Aufzuchtwasser nur noch selten wechseln, obwohl kein Filter angeschlossen ist, denn die Gerbstoffe des „Quappentees" puffern die Stoffwechselprodukte der Kaulquappen.

Transport und Quarantäne

Größere Moosfrosch-Exemplare, wie etwa ausgewachsene *T. corticale* oder *T. leporosum*, sollten in geräumigen Kunststoffdosen transportiert werden, die man mit Luftlöchern versieht. Für kleinere Individuen dagegen reichen bereits die Boxen, in denen Futtertiere verkauft werden („Grillendosen"). Die Lüftungslöcher etlicher dieser Dosen ragen jedoch als scharfe Grate nach innen, weshalb man die Löcher wegen der Verletzungsgefahr für die empfindliche Haut der Amphibien lieber selbst von innen nach außen setzt. Die Transportbehälter werden mit frischem, gut feuchtem Moos ausgekleidet, bevor man am besten jeweils nur ein Tier pro Dose einsetzt.

Damit die Frösche weder rasch auskühlen noch überhitzen, werden die Behälter mit den Fröschen anschließend in eine Styropor- oder Styrodurkiste gestellt und mit zusammengeknülltem Zeitungspapier abgepolstert, sodass sie während des Transports nicht umhergeschleudert werden können. Nach Möglichkeit sollten in der Kiste während des Transports Temperaturen von ca. 20 °C herrschen.

Auch Kaulquappen können transportiert und sogar verschickt werden – sie vertragen die Reise meist problemlos, zumindest was *T. corticale* (D. Fenolio, schriftl. Mittlg.) und *T. stellatum* (SH pers. Beob.) angeht – zu den anderen Arten liegen uns diesbezüglich keine Informationen vor. Die Quappen können wie Zierfische verpackt werden, also in Plastikbeuteln mit nicht zu hohem Wasserstand und genügend Luftvorrat. Man schützt die einzelnen Beutel innerhalb einer Box ebenfalls durch Zeitungspapier. Die Transportbeutel müssen vorab jedoch dringend auf Dichtigkeit und Stabilität geprüft werden, und auch das zum Verschluss gebräuchliche Gummiband sollte noch gut in Form sein. Am besten steckt man den eigentlichen Transportbeutel sicherheitshalber noch in einen zweiten.

Wie alle frisch erworbenen Tiere sollten auch *Theloderma*-Arten nach der Ankunft zu Hause zunächst einmal unter Quarantäne gestellt werden. Hierfür sind Kunststoffbecken aufgrund ihrer leichten Sterilisierbarkeit besonders geeignet, wie sie beispiels-

Dieses Exemplar von *Theloderma horridum* hat die Quarantäne gut überstanden Foto: K. Kunz

Der Transport erfolgt in Kunststoffdosen, die mit feuchtem Moos ausgelegt sind – bei derart geräumigen Behältern kann man auch mehrere Exemplare gemeinsam unterbringen Foto: K. Kunz

weise „M&S Reptilien“, „Lanzo Herp Cages“ oder „Herptek“ anbieten. Transparente Kunststoffkisten aus dem Bau- oder Möbelmarkt sind hier eine sehr preisgünstige Alternative, nachdem man entsprechende Lüftungen aus schwarzer Kunststoffgaze eingebracht hat, die etwa ein Viertel bis die Hälfte der Deckelfläche einnehmen sollten. Lüftungsflächen aus Lochblech oder gar Metallgaze sollten auf keinen Fall vorhanden sein, da sich die Tiere daran die Nase oder die Finger aufscheuern können (Dunce o. J.).

Sehr unterschiedliche Erfahrungen gibt es mit der Häufigkeit der Wasserwechsel: Während E. Ryboltovsky beispielsweise das Wasser seiner *T. gordoni* überhaupt nie wechselte, sondern nur verdunstetes Wasser ersetzte, kam es bei I. Dunce zu Verlusten bei Exemplaren, die sie von Ryboltovsky erhalten hatte, wenn sie deren Wasser nicht alle paar Tage wechselte (I. Dunce, schriftl. Mittlg.). Auch dies lässt wie die teils schwierige Gewöhnung an Wasser eines neuen Standorts (siehe Kasten S. 15) darauf schließen, dass die Wasserwerte am jeweiligen Ort der Haltung eine gewisse Rolle spielen, etwa der Härtegrad. So könnte man beispielsweise mutmaßen, dass *T. corticale*, eine Art, die auch in der Natur in Kalksteingelände anzutreffen ist, härteres Wasser bevorzugt oder zumindest toleriert, während Arten, die ausschließlich oder überwiegend in Baumhöhlungen laichen, weiches Wasser brauchen. Dies sind jedoch nur Überlegungen, die einer Überprüfung bedürfen.

Da aber viele Exemplare negativ auf für sie neue Wasserwerte reagieren, sollten sie anfangs lediglich mit einer kleinen Wasserschale gehalten werden, deren Inhalt täglich gewechselt wird, und zwar nicht mit frischem Leitungswasser, sondern mit abgestandenem Wasser, das am besten mit einem Aufbereitungsmittel wie Aquasafe (Zoohandel, Fa. Tetra) sowie Stückchen von Seemandelbaumblättern (siehe oben) behandelt wurde. Übrigens sollte man den Behälter, in dem man das Wasser abstehen lässt, nicht abdecken, denn so kann er außerdem als „Lebensversicherung" für entkommene Exemplare dienen. So entwischte mir (KK) beispielsweise einmal ein Männchen von *T. corticale* bei Pflegearbeiten und verschwand rasch in für mich unzugänglichen Gefilde hinter der Terrarienanlage, sodass ich die Suche aufgeben musste. Schon in der ersten Nacht aber fand ich den Frosch bei einem Kontrollgang brav im Wassereimer sitzen, der bei mir stets zur Verfügung steht. Nachdem ich den Ausreißer von Spinnweben (so etwas soll es hinter manchen Terrarienanlagen durchaus geben ...) gesäubert hatte, konnte ich ihn unversehrt in sein Terrarium zurücksetzen.

Sobald die Tiere in der Quarantäne den ersten Kot abgeben, schickt man diesen möglichst frisch – beispielsweise in einem

Erst schon deutlich herangewachsene Exemplare sollte man weitergeben. Hier wird gerade eine Gruppe junger *Theloderma corticale* für den Verkauf vorbereitet. Foto: K. Kunz

Der stets gefüllte Wassereimer zog diesen Ausreißer magisch an und rettete ihm wohl das Leben Foto: K. Kunz

Hygiene ist bei der Quarantänehaltung das A und O Foto: K. Kunz

Filmdöschen oder in Folie gepackt – an ein Labor, das eine Untersuchung auf Parasiten durchführen kann (siehe „Weitere Informationen"). Werden darin Parasiten oder deren Stadien nachgewiesen, behandelt man die Moosfrösche nach Weisung des Veterinärs (siehe „Gesundheit"). Sind keine Parasiten (mehr) vorhanden, könnte man sich eigentlich entspannt zurücklehnen, wäre da nicht die Chytridgefahr. Um auch diese höchst gefährliche Pilzerkrankung auszuschließen, schickt man Abstriche (eine Videoanleitung von TE findet sich hier: http://www.t-eisenberg.de/chytrid_demo.avi) an ein entsprechendes Institut (siehe „Weitere Informationen"). Jedoch ist während der Quarantänezeit nicht nur die Untersuchung der Tiere und ihrer Ausscheidungsprodukte wichtig, sondern auch die Beobachtung ihres Verhaltens, besonders der Nahrungsaufnahme. Hohe Hygienemaßstäbe sind während dieser Zeit oberstes Gebot. Weitere Hinweise zu einer fachgerecht durchgeführten Quarantäne finden Sie beispielsweise bei Eisenberg (2003a).

Der Kot von Thelodermen ist wie von einer dünnen Membran umgeben und lässt sich daher sehr gut dem Wasser entnehmen, bevor er zerfällt. Frische Kotproben neu erworbener oder krank erscheinender Tiere sollte man von fachkundiger Stelle untersuchen lassen. Foto: K. Kunz

Das Terrarium

Wie so oft in der Terraristik, so führen auch hier viele Wege nach Rom. Will heißen, es existieren unterschiedliche Auffassungen über die ideale Haltungsform von Thelodermen. Solange sie jedoch eine artgerechte Pflege ermöglichen und vor allem in der Nachzucht der Tiere resultieren, sind sie alle legitim.

Manche Halter pflegen die Tiere in attraktiven Schaubecken, in denen ihre verblüffende Tarnung voll zur Geltung kommt. Besonders schön ist, dass Exemplare etlicher Arten auch tagsüber völlig ungedeckt offen im Terrarium sitzen, offenbar ganz auf ihre Tarnung vertrauend. Diese ist so perfekt, dass oft selbst der Besitzer der Tiere Schwierigkeiten hat, seine Pfleglinge zu entdecken. Allerdings sind viele Exemplare enorm standorttreu. So sitzen z. B. manche Exemplare von *T. corticale* nach ihren nächtlichen Streifzügen durchs Terrarium jeden Morgen auf exakt derselben Stelle, meist sogar in derselben Haltung, und man könnte glauben, sie hätten sich nie von der Stelle bewegt. Das macht es natürlich einfach, sich der Anwesenheit seiner Pfleglinge zu versichern ...

Neben einem Bodengrund etwa aus Kokossubstrat und üppiger Bepflanzung enthalten Schaubecken beispielsweise verkleidete Rück- und Seitenwände, an denen Moose und Farne gedeihen. Natürlich dürfen auch eine große Wasserschale oder ein attraktiver Wasserteil mit Kies als Bodengrund hier meist nicht fehlen, oft verleiht ein kleiner Wasserfall der Einrichtung einen besonderen Effekt. Dazu einige Kletteräste und Korkröhren, und der Naturausschnitt ist perfekt.

Der Praxistipp
Wenn man im Wasserteil eine dünne Schicht Kies am Boden mit Epoxidharz befestigt und damit auch versiegelt, ist dieses Substrat später besonders leicht zu reinigen und lässt sich sogar abbürsten

Eine solche Haltung ist extrem ästhetisch und anziehend, die Tiere fühlen sich hier wohl und sind zur Vermehrung zu bringen. Sie birgt jedoch auch Nachteile, vor allem wenn der Terrarianer relativ unerfahren ist: Gerade Vertreter der kleineren Arten sind in solch üppig ausgestatteten Becken nicht immer einfach zu finden, ihr Gesundheitszustand lässt sich somit kaum regelmäßig kontrollieren. Der Terrarianer hat auch keine Möglichkeit zu kontrollieren, ob und wenn ja, wie viel Futter aufgenommen wird. Nicht gefressene Futtertiere können sich im Bodengrund und in der Dekoration verstecken und u. U. sogar die

Theloderma asperum
Foto: K. Kunz

Eine naturnahe Einrichtung wirkt selbstverständlich attraktiver als die praktische, aber optisch wenig attraktive Pflege in schlichten Plastikbecken
Foto. K. Kunz

Nicht sehr attraktiv, aber praktisch und hygienisch: Haltung von Thelodermen in Eigenbau-Aquaterrarien aus Kunststoffkisten Foto: K. Kunz

Frösche anfressen. Lästlinge wie sich explosionsartig vermehrende Futtermilben können in solchen Schaubecken zum Problem werden. Im Krankheitsfall ist ein schön dekoriertes und möglicherweise mit beschichteten sowie bepflanzten Wänden versehenes Terrarium kaum zu desinfizieren, und Parasiten sind darin schwer zu bekämpfen. Außerdem ist bei einem größeren Bestand der Pflegeaufwand eines solchen Beckens nicht zu unterschätzen, und schließlich lassen sich Gelege nicht oder nur schwer zur separaten Zeitigung entnehmen. Allerdings haben sich die Gelege in diversen Schaubecken nach meinen (SH) Erfahrungen stets gut entwickelt, und die Kaulquappen können bei Bedarf aus dem jeweiligen Wasserteil abgefischt und separiert werden.

Im Gegensatz dazu steht die – optisch natürlich völlig unattraktive – hygienisch-spartanische Haltungsform, wie sie oft bei US-amerikanischen Züchtern bevorzugt wird und wie sie auch einer der Autoren anwendet. Ich (KK) halte meine Tiere in großen Kunststoffkisten („Samla“ von IKEA) der Maße 79 x 57 x 42 cm (132 l Volumen). Diese Größe reicht für ein Pärchen oder ein Männchen mit 2–3 Weibchen der großen Arten wie *T. corticale* und *T. leporosum* oder eine größere Gruppe der kleineren Arten, die allerdings auch in wesentlich kleineren Behältern gepflegt und nachgezogen werden können (siehe Artenteil). In den Deckel der Kiste wird eine Öffnung von einem Viertel bis zur Hälfte der Oberfläche geschnitten und dann mit schwarzer Kunststoffgaze mittels Heißkleber überzogen. In den oberen Rand der Kisten bringt man zwei kleine Durchlässe für die Kabel eines Filters und eines Heizstabs ein, falls gewünscht. Fertig ist das sehr hygienische, einfach zu reinigende und zu desinfizierende *Theloderma*-Terrarium. Anstelle eines Bodengrunds wird nun einfach Wasser rund 12 cm hoch eingefüllt und bei Bedarf durch einen abgeschirmten Aquarienheizstab auf die gewünschte Temperatur gebracht sowie durch einen auch liegend zu betreibenden Innenfilter (z. B. Cristal Profi *i*100 von JBL) gereinigt und mit Sauerstoff angereichert. Alternativ bieten sich Außenfilter an, besonders die Thermofilter von Eheim, die u. a. den Vorteil bieten, dass man bei ihrem Einsatz keinen Heizstab mehr benötigt und somit diese potenzielle Verletzungsquelle außen vor lassen kann. Als Verstecke und Klettergelegenheiten dienen z. B. senkrecht eingestellte Weinkühler (am besten aus unbehandeltem Ton), deren oftmals scharfe Grate zuvor mit einer robusten Feile geglättet werden. Um ein Einnisten von Futtertieren in den bei manchen Modellen kleineren, für die Frösche unzugänglichen Öffnungen zu vermeiden, hat es sich bewährt, diese zuvor mit etwas Silikon zu verschließen. Außerdem werden große Korkstücke so zwischen Behälterwand und Weinkühler eingeklemmt, dass sie teils ins Wasser reichen, aber auch bis unmittelbar unter den Terrarienrand. Hier legen die Tiere bevorzugt ihre Eier ab. Zur kontrollierten Fütterung lasse ich (KK) große Kunststoffschalen auf der Wasseroberfläche treiben, z. B. das Modell „Trofast“ von Ikea. Hieraus entweichen erfahrungsgemäß Futtertiere wie Heimchen und Grillen kaum oder gar nicht, und die Frösche finden leicht die frisch mit Mineralstoff/Vitamin-Gemisch eingestäubte Beute.

Aber noch einmal zurück zur Haltung in naturnah eingerichteten Becken: Hier bieten sich dem Terrarianer, der einen Naturausschnitt nachempfinden möchte, natürlich unendlich viele Möglichkeiten, extrem attraktive Schauterrarien zu gestalten. Die Seitenwände und die Rückwand kann man verkleiden, und zwar am besten mit einem Substrat, das sich begrünen lässt. Dafür sehr geeignet sind verschiedene im Handel erhältliche Beschichtungsmassen, am bekanntesten dürften „Peat Wall“ und „Rainforest Background“ sein. Diese Substrate lassen sich sehr einfach verarbeiten und sehen schon im „Rohzustand“ sehr ansehnlich aus. Ihr Hauptvorteil ist jedoch, dass sie Feuchtigkeit hervorragend speichern und darum sehr rasch mit Moosen, Farnen und Rankpflanzen zuwuchern. Einen Testbericht zu „Rainforest Background“ finden Sie in TERRARIA Nr. 12. Ein weiteres beliebtes Gestaltungselement sind Xaxim-Platten. Dieses aus Baumfarnen gewonnene Material kann man einfach mit Aquariensilikon befestigen. Ist das Xaxim frisch und hochwertig, wachsen in der Regel aus darin enthaltenen Sporen von selbst Moose und Farne.

Theloderma gordoni
Foto: K. Kunz

Schließlich sind für den kleineren Geldbeutel auch noch Presskorkplatten (sog. Dachdecker- oder Isolierkork) verschiedener Dicke geeignet, die mit einem Messer leicht bearbeitet werden können und mittelfristig von epiphytisch wachsenden Pflanzen vollständig überwuchert werden. Damit lassen sich leicht Absätze bauen, auf denen die Frösche ruhen oder Pflanzen gedeihen können. Hervorragend geeignet als Einrichtungsgegenstände sind auch Korkrindenstücke in Platten sowie insbesondere in Röhrenform. Gerade, wenn sie mit Flechten und Algen bewachsen sind, bieten sie einen sehr schönen Anblick und bringen die Tarnwirkung darauf sitzender Thelodermen hervorragend zur Geltung. Sie bieten auch den Vorteil, dass sie nicht so leicht zuwachsen, und können daher als Abwechslung in der Terrariengestaltung dienen, um Stellen zu schaffen, an denen die Tiere etwas trockener sitzen. Der Einsatz von Wurzeln aus dem Aquaristikbedarf hat sich ebenfalls bewährt. Sie bieten sich besonders als Inseln und Ausstiegshilfen aus dem Wasserteil an. Ein künstliches Substrat ist beispielsweise das im Handel erhältliche „Epiweb“. Dieses an Filterschwamm erinnernde Material kann man mittlerweile nicht nur als Platten zum Verkleiden von Terrarienwänden kaufen, sondern auch in Form von Pflanzschalen, künstlichen Ästen etc. Von der Verwendung von Torf raten wir generell aus Naturschutzgründen ab.

Sehr attraktiv kann der Einbau eines künstlichen Wasserfalls sein. Hier vermag der Terrarianer mittlerweile auf fertige Modelle aus dem Fachhandel zurückzugreifen, aber attraktiver ist es meist, den Wasserlauf dem eigenen Terrarium nach Bedarf und Geschmack anzupassen. Beispielsweise mittels Styrodur kann der geschickte *Theloderma*-Pfleger seinen Tieren eine attraktive Landschaft erschaffen. Darin lassen sich nicht nur Wasserläufe unterbringen, sondern auch Pflanztöpfe. Das Rohmaterial muss lediglich beschichtet werden. Hierzu gibt es mittlerweile sehr gute Produkte (z. B. Elastupor, Rockoflex; Fa. ENT), die anschließend mit dem gewünschten Oberflächensubstrat überzogen werden, z. B. Erde oder Sand. Detaillierte Anleitungen zum Bau eines Wasserfalls finden Sie in SCHWARZ & SCHWARZ (2008) sowie in DRACO Nr. 3, zum Einrichten von Terrarien generell bei WILMS (2008).

Die Auswahl an geeigneten Pflanzen im Fachhandel ist glücklicherweise sehr groß, selbst dann, wenn man ausschließlich auf Arten aus dem Herkunftsgebiet der gepflegten Thelodermen zurückgreifen möchte, um sog. Biotopterrarien zu gestalten. Auf die einzelnen Pflanzen und die Methoden zu ihrer Kultur, das Aufbinden von Epiphyten etc. einzugehen, würde hier den Rahmen sprengen. Wir verweisen daher auf zwei ausgezeichnete Bücher zum Thema, nämlich erneut SCHWARZ & SCHWARZ (2008) sowie AKERET (2008).

Theloderma bicolor
Foto: K. Kunz

Die spartanische Einrichtung dieses Zuchtbeckens für *Theloderma corticale* stört seine Bewohner offenbar keineswegs, ganz im Gegenteil: Zu erkennen ist ein Pärchen im Paarungsgriff (Amplexus), das einmal mehr an dem Korkrindenstück ablaichen wird. Dieses ist nicht fest installiert, sondern wird von dem Weinkühler gehalten, der zusätzlich Versteckplätze bietet. Die Braunfärbung des Wassers rührt von einem eingebrachten Blatt des Seemandelbaums. Die schwimmende Kunststoffschale dient der Aufnahme der Futtertiere. Foto: K. Kunz

Zwei Terrarientypen ...

Wer auf Grün in seinen Terrarien nicht verzichten möchte, aber keinen grünen Daumen besitzt, sich den Pflegeaufwand sparen möchte oder beispielsweise aus hygienischen Gründen etwa in Quarantänebecken keine echten Pflanzen einsetzen will, dem offeriert heute der Fachhandel eine überaus reiche Palette an sehr natürlich aussehenden künstlichen Pflanzen.

Beleuchtung

Die Beleuchtung spielt bei der Haltung von Thelodermen nur eine untergeordnete Rolle. Es genügt, ihnen einen deutlich erkennbaren Tag/Nacht-Rhythmus von jeweils zwölf Stunden zu bieten. Dazu ist für die nachtaktiven Tiere nicht einmal eine eigene Beleuchtung nötig, das Raumlicht reicht im Prinzip. Grelle Beleuchtung sollte sogar vermieden werden, sie könnte die Frösche stressen.

Allerdings kann man eine nicht zu helle Beleuchtung z. B. durch Leuchtstoffröhren auch dazu nutzen, den Luftraum des Terrariums zu beheizen. Dies hilft dabei, keine Erkältungskrankheiten oder Verpilzungen aufkommen zu lassen. Manche Individuen, beispielsweise von *T. leporosum*, schätzen es auch, sich zeitweise in wärmeren Bereichen aufzuhalten, die durch die Lampen geschaffen werden.

Außerdem muss man der Beleuchtung natürlich dann besondere Beachtung schenken, wenn das Terrarium bepflanzt ist.

Beheizung

Die benötigten Temperaturen, auf die in den jeweiligen Artporträts eingegangen wird, lassen sich leicht über schwache Spots, Leuchtstoffröhren und ihre Vorschaltgeräte, Aquarienheizstäbe und Thermofilter, per Thermostat gesteuerte Heizkabel oder -matten (unter dem Terrarienboden oder seitlich an den Wänden bzw. in der Dekoration verlegt) oder die Zentralheizung eines Terrarienzimmers erreichen. Eine geringe Nachtabsenkung ist der Gesundheit der Tiere jedenfalls förderlich.

Ein Beispielterrarium

Nachdem oben bereits die Haltung der Tiere vorgestellt wurde, wie sie Kriton Kunz praktiziert, nämlich in spartanisch eingerichteten Kunststoff-Aquaterrarien, sei hier noch die optisch attraktivere Haltungsvariante von Tobias Eisenberg beschrieben. Er pflegt beispielsweise eine Gruppe von zwei Männ-

... für die Haltung von *Theloderma corticale* Fotos: T. Eisenberg

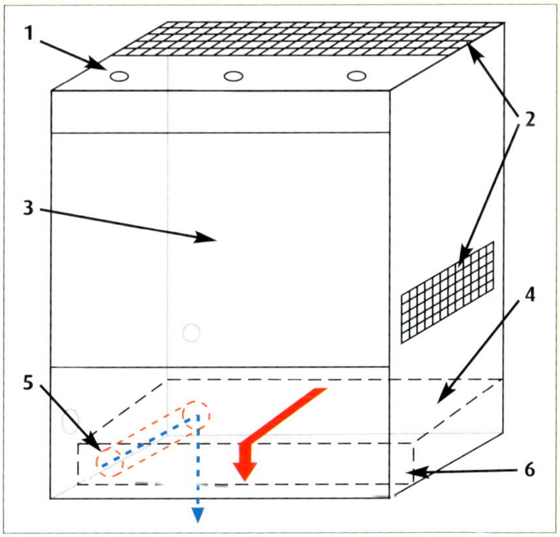

Ein Terrarium gemäß Skizze ist sehr gut für die Haltung von Thelodermen geeignet. Durch den schräg eingeklebten Boden gelangen Kot und Futterreste direkt in den vorne liegenden Wassergraben. Daraus lässt sich ein Wasserwechsel durch eine großlumige Abflussöffnung einfach bewerkstelligen.

1 Überschüssige Bohrlöcher

2 Lüftungsgaze

3 Frontöffnung

4 Schräg eingeklebter Boden

5 Abfluss

6 Wassergraben

Blick in ein Schauterrarium für Vietnamesische Moosfrösche in Aquazoo - Löbbecke Museum Düsseldorf Foto: S. Honigs

chen und einem Weibchen von *T. corticale* in einem Vollglasterrarium mit zwei gegeneinander verschiebbaren Frontscheiben und je einer Lüftungsfläche im Bereich der Frontscheibe und an der hinteren Deckscheibe. Das 60 x 60 x 100 cm (Länge x Breite x Höhe) große Terrarium besitzt eine schräg eingeklebte Bodenscheibe, einen Ablauf an der Frontseite, der durch einen Absperrhahn geregelt ist, sowie diverse Bohrungen für Verkabelungen, Außenfilter und Beregnungsanlage. Der Wassergraben und die restliche Bodenwanne sind komplett geflutet – es gibt also keinen Bodengrund. Durch diese Lösung ist eine Wasserfläche ohne zusätzlichen Einbau vorhanden, das Gewicht des gesamten Terrariums wird merklich reduziert, und es findet ein kontinuierlicher Spülprozess statt, bei dem Kot, nicht gefressene Futtertiere und welke Blätter in den Graben geschwemmt werden, aus dem sie problemlos abgeleitet werden können. Ein Weinkühler und Korkeichenstücke bieten den Fröschen Unterschlupf im Wasser, die Rückwand ist mit einer 5 cm starken Korkplatte mit diversen Absätzen verkleidet. Im Graben dient eine Teichpumpe mit angeschlossenem Schlauch und perforiertem Rohrstück, das an der Rückwand befestigt ist, dazu, einen einfachen Wasserfall zu betreiben. Dadurch bleibt auch der über Wasser gelegene Teil des Terrariums sauber, und Kot oder Häutungsreste gelangen in den Wasserteil. Der Wassergraben dient außerdem als Wasserreservoir für einen Außenfilter. Ein Regelheizer erwärmt das Wasser auf 25 °C.

Die Rückwand ist mit Efeutute (*Epipremnum pinnatum*) und einem Nestfarn (*Asplenium nidus*) bepflanzt. Das in einem Froschraum untergebrachte Terrarium wird anteilig über die Zentralheizung bzw. den Heizstab im Wasser erwärmt. Zur Beleuchtung dienen zwei T8-Leuchtstofflampen à 18 W in einem Lampenkasten.

Terrarienanlagen

Und da nun Details zu einzelnen Terrarien beschrieben wurden: Meist bleibt es ja nicht bei einem oder zwei Becken. Weitere Behälter für die nächste Art werden angeschafft, und dann müssen ja auch noch die hoffentlich bald anfallenden Kaulquappen und schließlich die Jungfrösche aufgezogen werden. Das stellt den Pfleger schnell vor Platzprobleme. Abhilfe schaffen da Schwerlastregale, wie man sie für wenig Geld in Baumärkten bekommt. Besonders bewährt haben sich Steckmodelle, bei denen die ein-

Teil der Haltungsanlage von Kriton Kunz, die ausschließlich der Nach- und Aufzucht von *Theloderma* sowie *Nyctixalus* gewidmet ist Foto: K. Kunz

zelnen Metallprofile sehr einfach miteinander verbunden werden können und variable Fachbödenabstände erlauben. Um die enorme Tragkraft der Böden auch wirklich langfristig nutzen zu können, müssen diese aus Sperrholz bestehenden Platten unbedingt zwei Mal sorgfältig mit ungiftigem Lack versiegelt werden, damit keine Feuchtigkeit in sie eindringen kann – und Feuchtigkeit, tropfendes oder überschwappendes Wasser sind ja bei einer Terrarienanlage für *Theloderma* wahrlich keine Mangelware ... Das Gewicht etlicher wassergefüllter Behälter summiert sich natürlich ganz ordentlich. Im Zweifelsfall sollte man daher einen Statiker konsultieren, ob die Zimmerdecke der Masse einer solchen Anlage gewachsen ist. Überdies sollte der Anschaffung der Materialien für eine selbst gebaute Terrarienanlage stets eine sorgfältige Planung vorangehen, ansonsten können kleine Fehler nicht nur ärgerlich, sondern auch unnötig teuer werden. Das gilt auch dann, wenn man sich eine professionelle Terrarienanlage einbauen lässt, wie sie von einigen Herstellern angeboten werden.

Zumindest die größeren Arten wie *Theloderma corticale* und *T. leporosum* lernen nicht nur sehr rasch, ihr Futter aus einer Schale zu holen, sondern warten dort auch schon allabendlich auf die Fütterung – selbst an Fastentagen ... Foto: K. Kunz

Fütterung

Eine wichtige Voraussetzung zur Gesunderhaltung der Frösche sowie zu ihrer erfolgreichen Nachzucht ist eine artgerechte, vielseitige und vollwertige Fütterung. Die Vielfalt des Futters, das den Tieren in freier Natur zur Verfügung steht, lässt sich in Menschenobhut kaum erreichen. Darum sollte man zumindest die Palette der heutzutage angebotenen Futtertiere weitestmöglich ausschöpfen. Will man nicht selbst züchten, kann man das Futter im Fachgeschäft, auf Börsen oder über Internet-Anbieter beziehen. Natürlich aber ist die eigene Zucht der beste Weg zu wertvoll ernährten Futtertieren, denn hier hat man die Kontrolle darüber, was die Insekten fressen. Genaue Anleitungen zur Zucht verschiedener Futtertiere finden Sie beispielsweise in DRACO Nr. 28. Kauft man dagegen Futtertiere, sollte man diese mindestens einige Tage vor dem Verfüttern hochwertig ernähren: Grillen, Heimchen, Schaben, Mehlkäfer, Getreideschimmelkäferlarven (sog. Buffalo-Würmer) beispielsweise mit Karotte, Obst, Haferflocken etc., Fliegen mit einer Honig/Vitamin/Mineralstoff-Lösung. Bevor man sie schließlich den Fröschen anbietet, werden sie – mit Ausnahme von Stuben- und Schmeißfliegen – stets mit einem Mineralstoff/Vitamin-Gemisch bestäubt, beispielsweise Herpetal Amphib oder einem ähnlichen Produkt. Dazu gibt man ein wenig von dem Pulver in eine kleine Dose, setzt die gewünschte Menge Futtertiere dazu und schüttelt nun sachte, bis alle Insekten eingepudert sind. Dies sowie das Verfüttern sollten spät abends erfolgen, unmittelbar vor dem Ausschalten der Beleuchtung, da die Futtertiere sich das Pulver sonst längst wieder abgeputzt haben, bis die Frösche aktiv werden. Nach unseren Erfahrungen ist es günstig, die Futtertiere in Schalen anzubieten, die auf dem Boden stehen oder auf der Wasseroberfläche schwimmen. So ist gewährleistet, dass sich keine Insekten in Dekoration und Bodengrund verstecken. Die Frösche gewöhnen sich sehr rasch an diese Art der Fütterung. Selbst an Fastentagen setzen sich *T. corticale* und *T. leporosum* abends geduldig auf den Rand der Schale und hoffen auf Beute ... Die kleineren Arten *T. asperum*, *T. bicolor*, *T. gordoni*, *T. licin* und *T. stellatum* dagegen fressen zwar problemlos aus den Schalen, lauern aber meist nicht wie ihre größeren Vettern an deren Umrandung, sondern springen einfach direkt hinein, sobald sie darin Futter bemerken. Alle Arten scheinen das Futter durch Zustoßen aus kurzer Entfernung oder direkt im Sprung mit den Kiefern zu ergreifen, dabei kommt auch die nicht allzu lange, aber klebrige Zunge zum Einsatz.

Jungtiere sollte man täglich füttern, von einem Fastentag pro Woche abgesehen, subadulte Exemplare jeden zweiten Tag, Adulti jeden zweiten bis dritten Tag. Es ist günstiger, viele kleine Insekten anzubieten als wenige große, weil die Körperoberfläche kleinerer Tiere relativ größer ist und so mehr Mineralstoff/Vitamin-Gemisch an

Der Praxistipp

„Pinkies", die Maden einer kleinen Fliegenart der Gattung *Lucilia*, und „Maden", die Larven der größeren *Calliphora*-Fliegen, erhält man preiswert in Angelgeschäften. Man teilt den Inhalt einer Dose auf mehrere kleine Boxen auf, stellt einige davon warm, den Rest kühl. Sobald die Fliegen aus den „warmen Dosen" geschlüpft, angefüttert und verfüttert sind, kommt die nächste Dose ins Warme, sodass man dauernd Nachschub hat. Allerdings sollte man Fliegen wirklich nur zur Aktivitätszeit der Frösche und nicht im Überschuss anbieten, damit sie gleich gefressen werden – ansonsten ertrinken die Insekten im Wasserteil. Tipps zum Füttern mit Fliegen finden Sie z. B. bei Janzen (2006).

Theloderma leporosum **hat von seinem bequemen Sitzplatz auf dem Rand der Futterschale aus ein Beutetier ausgemacht, ist hineingesprungen und hat es sich einverleibt. Nun fixiert der Frosch den nächsten Happen ...**
Foto: K. Kunz

Hier leider nur zu erahnen ist, wie *T. asperum* durch Bewegungen der Zehen auf Beute reagiert. Der Pfeil deutet auf die angehobene Zehe, der Schattenwurf belegt, dass sie angehoben ist. Foto: K. Kunz

Wussten Sie schon?

Offenbar alle *Theloderma*-Arten fallen in eine bemerkenswerte Schreckstarre, wenn sie beispielsweise in die Hand genommen oder auf den Rücken gedreht werden: Sie machen einen „Katzenbuckel", beugen den Kopf mit geschlossenen Augen in Richtung Brust und legen die Gliedmaßen eng an den Leib. Dies wird als „Sich-tot-Stellen" interpretiert (Thanatose) und kommt bei anderen Fröschen ebenfalls vor, z. B. *Phyllomedusa*. Von dieser Gattung liegen auch Nachweise dafür vor, dass die Thanatose die Frösche effektiv vor bestimmten Beutegreifern schützt, in diesem Fall der Natter *Liophis miliaris* (Sazima 1974). Konkret beobachten konnten wir dieses Verhalten bei *T. asperum*, *T. bicolor*, *T. corticale*, *T. gordoni* (sehr stark ausgeprägt) *T. horridum*, *T. leporosum* und *T. licin*. Selbst frisch umgewandelte Jungtiere mit Schwanzrest zeigen die Schreckstellung schon. Man sollte sich jedoch nie zu sicher sein, dass das in Schreckstellung verfallene Tier lange unbeweglich ist! Blitzschnell können sich die Tiere aus ihrer Starre aufrappeln und wegspringen.

ihnen haften bleibt. Für Jungtiere der kleineren Arten eignen sich insbesondere Fruchtfliegen (*Drosophila*), Mikro-Heimchen bzw. -Grillen, Ofenfischchen, winzige Schaben und Asseln. Als Faustregel kann dienen, dass ein Futtertier maximal so groß sein sollte, wie das Maul des Frosches breit ist.

Ein Phänomen, das ich (KK) bislang nur bei *T. asperum*, *T. corticale* und *T. leporosum* beobachten konnte, das wahrscheinlich aber auch bei anderen Arten auftritt, ist das rasche Vibrieren der Zehen der Hinterfüße, wenn die Tiere Beute sehen. Sitzen die Frösche dabei z. B. auf einer Plastikunterlage, kann man bei *T. corticale* sogar ein leises Trommeln hören. Oft werden nur die längsten Hinterzehen (Zeh IV) zuckend auf und ab bewegt, bei großer Erregung aber auch die Zehen III und V samt der gespreizten Schwimmhaut. Ein ähnliches Verhalten, das als Anlockung von Beute interpretiert wird, ist auch von Schwanzlurchen (die Tigersalamander *Ambystoma talpoideum* und *A. tigrinum*) sowie von verschiedenen Froschlurchen bekannt, etwa den Hornfröschen *Ceratophrys ornata* und *C. calcarata*, dem Makifrosch *Phyllomedusa burmeisteri*, mittelgroßen Agakröten (*Rhinella marina*), Fowlers Kröte (*Bufo fowleri*), dem Grünfrosch *Rana baramica*, dem Mosambik-Regenfrosch (*Breviceps mossambicus*) sowie dem Blauen Pfeilgiftfrosch (*Dendrobates tinctorius*) – insgesamt von mindestens 13 Arten aus sieben Familien (Bertoluci 2002; Eisenberg 2004b; Erikzén 2008; Grafe 2008; Hagmann & Shine 2008; Murphy 1976; Radcliffe et al. 1986). Vielleicht dient dieses Verhalten aber zumindest bei *Theloderma* weniger dem Anlocken von Beute als vielmehr entweder dazu, ein sich rasch bewegendes Gliedertier kurz zum Anhalten zu veranlassen, bis sich der Räuber genügend angenähert hat, oder aber – und das scheint uns am wahrscheinlichsten – im Gegenteil dazu, ein sich still verhaltendes Beutetier zu Bewegungen zu veranlassen.

Selbst bei diesem noch in der Umwandlung befindlichen Jungtier von *Theloderma corticale* kann man durch Umdrehen bereits die typische Schreckstellung auslösen Foto: K. Kunz

Nachzucht

Theloderma-Arten zu vermehren, ist keineswegs ein Ding der Unmöglichkeit. Obwohl Erfahrungen noch nicht mit allzu vielen Arten und auch noch nicht über sehr lange Zeiträume vorliegen, lässt sich doch klar sagen, dass sie sogar zu den leicht nachzuzüchtenden Fröschen zählen. Der einfache Trick zu ihrer Nachzucht: Man muss an Pärchen kommen ... Diese Tiere benötigen keine aufwändige Simulation eines bestimmten klimatischen Rhythmus, sondern laichen auch, wenn die Bedingungen im Terrarium das ganze Jahr über gleich sind – allerdings muss natürlich dafür gesorgt werden, dass es sich dabei um gleich bleibend artgerechte, also für die Tiere ideale Bedingungen handelt. Dennoch ist bei den Hochlandarten eine mehrwöchige kühlere Periode im Winter anzuraten, bei der die Temperaturen um einige Grade gesenkt werden. Die Frösche verhalten sich dann weniger aktiv, fressen kaum noch und regenerieren. Nach dem erneuten Anheben der Temperaturen beginnt wieder die Laichperiode. Bietet man den Tieren keine solche Ruhephase, sollte man zumindest die Weibchen einige Monate lang von den Männchen trennen, um sie nach der anstrengenden Laichphase wieder zu Kräften kommen zu lassen.

Wichtig ist, dass den Tieren reichlich hochwertiges Futter zur Verfügung steht, insbesondere laichenden Weibchen. Außerdem stellen zumindest manche Arten (etwa *T. asperum*, *T. gordoni*) offenbar die Vermehrung ein, wenn sich zu viel Nachwuchs

Bei Männchen von *Theloderma corticale* und *T. bicolor* treten oft Rotviolettanteile in der Färbung hervor. Bei diesem Pärchen von *T. bicolor* fällt außerdem der arttypische Größenunterschied auf. Foto: K. Kunz

Die Männchen aller *Theloderma*-Arten tragen weißliche bis rosafarbene Brunftschwielen, die bei Exemplaren in Paarungsstimmung deutlicher ausgeprägt sind als bei diesbezüglich inaktiven Artgenossen. Hier zu sehen ein Männchen von *Theloderma corticale.* Foto: K. Kunz

im Becken befindet. Dies lässt sich damit erklären, dass die Tiere in der Natur meist in relativ kleinen Wasseransammlungen ablaichen, in denen die Ressourcen begrenzt sind. Dort „ohne Ende“ Eier abzusetzen, wäre sinnlos, da die Kaulquappen dann verhungern würden.

Sobald die Männchen geschlechtsreif sind, was bei *T. corticale* im Alter von rund 8–12 Monaten, bei den kleineren Arten wie *T. asperum* dagegen bereits nach 3–6 Monaten der Fall sein kann, beginnen sie, praktisch jede Nacht und besonders im Fall von *T. asperum*, *T. bicolor*, *T. corticale* und *T. stellatum* durchaus auch manchmal tagsüber und selbst während Pflegearbeiten im Becken ausdauernd zu rufen. Sie besitzen keine bis keine deutlich ausgeprägten Schallblasen, und rufende Tiere sind oft nicht leicht auszumachen. Im Gegensatz zu vielen anderen Vertretern ihrer Familie sind die Rufe von *Theloderma* sehr melodisch und harmonisch. Der Anzeigeruf von *T. corticale* etwa erinnert an den von Unken (Rufaufzeichnungen finden Sie im Internet auf den Seiten zu *T. corticale* von amphibiaweb.org), wobei insgesamt mindestens drei verschiedene Rufe bei dieser Art vorkommen (s. u.), und auch die Weibchen sind zu gewissen einsilbigen Lautäußerungen befähigt. *Theloderma asperum* dagegen äußert ein höheres, ansteigendes Fiepen in kurzer Folge. Bain & Nguyen (2004) dagegen schreiben, *T. asperum* rufe zweisilbig „peeppeep“, mit 180 Impulsen/Minute und jeweils einem zweisekündigen Intervall. Da sie jedoch betonen, die aus den Kronen rufenden Tiere seien über Kilometer hinweg zu hören, und da meine (KK) Exemplare eher leise und einsilbig rufen, fragen wir uns, ob die von Bain & Nguyen (2004) beschriebenen Rufe tatsächlich von *T. asperum* stammten, zumal von ihnen keine Belegexemplare gesammelt wurden.

Der Ruf von *T. stellatum* erinnert an das Piepsen von *T. asperum*, ist aber leiser und rascher und klingt wie ein leises „hu-hu“ oder aber ein in schneller Folge geäußertes Pfeifen.

Theloderma bicolor ruft entweder ca. dreimal pro Sekunde in schneller Folge vogelartig fiepend, oder aber lässt längere, anschwellende Ruffolgen hören, die ebenfalls an Vogelrufe erinnern, etwa an den Warnruf einer Amsel. Insgesamt lässt die Geräuschkulisse eines Raums, in dem mehrere *Theloderma*-Arten gehalten werden, sicher nicht auf Anhieb an Amphibien denken, sondern eher an ein Zimmer für Ziervögel.

Neben dem Anzeigeruf sind Thelodermen aber noch zu weiteren Lautäußerungen imstande, deren Funktionen bislang nicht aufgeklärt sind – *T. corticale* etwa lässt oft eine Art „Vogelgezwitscher“ hören, auf das häufig Männchen in benachbarten Terrarien antworten.

Außerdem scheinen sich manche Arten gegenseitig zum Rufen anzuregen. So konnte ich (KK) etwa beobachten, dass *T. asperum* oft zu rufen beginnt, wenn das melodische „Unken“ von *T. corticale* erklingt. Die Rufe von *T. asperum* ertönen dann genau in den Rufpausen von *T. corticale* – ein regelrechter Sängerwettstreit ...

Geschlechtsreife *Theloderma*-Männchen zeichnen sich durch mehr oder weniger deutlich ausgeprägte, von weißlich über gräulich bis zart oder kräftig rosa gefärbte Brunftschwielen meist am 1., jedoch zumindest bei *T. licin* am 2. Finger aus, die bei Weibchen fehlen, schwächer ausgeprägt oder anders gefärbt sind. Außerdem sind z. B. bei *T. bicolor* die Männchen deutlich schlanker und kleiner, während ein solcher Unterschied bei anderen Spezies (etwa *T. corticale*) kaum ausgeprägt ist. Bei *T. bicolor* und *T. corticale* zeigen außerdem Männchen in Paarungsstimmung mehr Rotviolettanteile in der dann auch insgesamt dunkleren Färbung als Weibchen.

Pärchen von *Theloderma leporosum* im Amplexus
Foto: K. Kunz

Und schließlich ist offenbar ein weiteres Phänomen geschlechtsspezifisch, das bis jetzt zwar nur bei *T. corticale* beobachtet wurde, aber eventuell auch bei anderen Arten vorkommt: Bei Männchen in Paarungsstimmung können die Haftscheiben ganz enorm anschwellen (siehe Foto S. 64). Sie sind dann nicht mehr scheibenförmig, wie

Bei den kleineren Arten sind die Brunftschwielen weniger leicht auszumachen. Hier die rosa angehauchten, gräulichen Schwielen bei einem Männchen von *Theloderma stellatum*. Bei einem Weibchen sind die entsprechenden Stellen weißlich.
Foto: K. Kunz

Sieht zwar eher erheiternd aus, ist aber höchst gefährlich für die Tiere: Männchen in Paarungsstimmung klammern sich auch gegenseitig und können ihre Geschlechtsgenossen dabei im Extremfall ertränken. Diese drei Männchen konnten noch rechtzeitig getrennt und anschließend vereinzelt werden. Foto: K. Kunz

normalerweise, sondern kissenartig aufgetrieben. Ruhende Exemplare bekommen daher nicht einmal mehr alle Finger fein säuberlich nebeneinander, sondern aufgrund der gesteigerten Größe der Haftscheiben werden die Finger teils übereinander gelegt, teils stehen sie außerdem vom Untergrund ab. Manchmal wird ein Finger sogar regelrecht vom Untergrund abgespreizt. Womit genau dieses Anschwellen der Haftscheiben zusammenhängt, ob es beispielsweise einem Zweck wie dem besseren Haften am Weibchen dient, bleibt noch zu klären.

Etwas Umsicht ist bei der innerartlichen Vergesellschaftung angebracht: Hält man etwa von *T. corticale* reine Männchengruppen, so kann es passieren, dass diese sich gegenseitig klammern und dabei das vermeintliche Weibchen ertrinkt. Dasselbe geschieht u. U. einem einzelnen Weibchen, das sich bei einer größeren Männchengruppe befindet. Man sollte Moosfrösche daher paarweise oder besser in Gruppen von einem Männchen mit mehreren Weibchen pflegen, in sehr geräumigen Becken sind auch Konstellationen von mehreren Männchen mit einer Überzahl Weibchen möglich.

Typisch ist, dass man *Theloderma*-Pärchen oft über mehr als einen Tag im Amplexus vereint sieht, bevor es zum Ablaichen

Pärchen von *Theloderma corticale* im Amplexus. Oben an der Korkrinde sind bereits sich entwickelnde Eier zu sehen. Foto: K. Kunz

Frisches Gelege von *Theloderma corticale* Foto: K. Kunz

Weitere Gelege werden oft unmittelbar neben bereits bestehenden angeheftet – hier zu sehen sind links Eier in einem frühen, rechts solche in einem späten Entwicklungsstadium Foto: K. Kunz

kommt. Haben die Tiere erst einmal begonnen zu laichen, so können sie teils in sehr kurzen Abständen Gelege hervorbringen, *T. corticale* z. B. etwa rund alle 7–14 Tage. Im Aquazoo konnte außerdem beobachtet werden, dass ein Weibchen dieser Art regelmäßig etwa eine Woche lang alle zwei Tage einige wenige Eier ablegte. Die Eier werden mehr oder weniger knapp über dem Wasser an Dekorationsgegenständen wie Korkrinde oder aus dem Wasser ragenden Ästen angeheftet, bei manchen Arten eher als „Einzeleier" (z. B. *T. corticale*), bei anderen als „Traube", die von einer gemeinsamen Hülle umgeben ist (z. B. *T. stellatum*). Hier entwickeln sich die Kaulquappen, bis sie schließlich ihre Eihülle durchbrechen und ins Wasser „tropfen". Fallen sie nicht unmittelbar ins Wasser, so können sie eine gewisse Strecke bis dorthin selbstständig zurücklegen (KK eig. Beob.) oder springen sogar aktiv in das Wasser, wie bei *T. stellatum* (SH eig. Beob.). Sind bereits beim Ablaichen Eier ins Wasser gefallen oder werden, was selten

Wussten Sie schon?
Nicht nur *Theloderma* legt seine Eier knapp über der Wasserlinie ab, sondern innerhalb der Familie Rhacophoridae auch *Nyctixalus* sowie *Philautus*- und *Chirixalus*-Arten (*C. eiffingeri*)

Die Larven entwickeln sich in den Eiern und fallen dann nach dem Schlupf ins Wasser. Hier bereits sehr weit herangewachsene Larven von *T. corticale*. Foto: K. Kunz

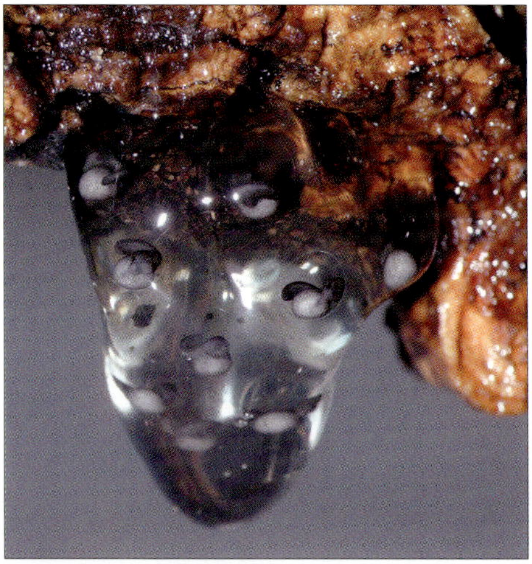

***Theloderma stellatum* legt seine Eier in einer „Traube" ab** Foto: K. Kunz

vorkommt, Eier unterhalb der Wasserlinie abgesetzt, so sterben sie oft in einem frühen Entwicklungsstadium ab. Eine Entwicklung unter Wasser ist meist nur möglich, wenn stark belüftet wird. Interessanterweise schlüpfen die Kaulquappen dann zwar etwas früher, man sollte diese Zeitigungsmethode jedoch nicht anstreben.

Ins Wasser gefallene Eier lassen sich oft noch bei sehr niedrigem Wasserstand, der lediglich ihre Unterseite leicht umspült, erfolgreich zeitigen Foto: K. Kunz

Alternativ lassen sich die sehr klebrigen Eier auch vorsichtig vom Untergrund entfernen und in Petrischalen zeitigen, bei einem Wasserstand, der sie gerade eben bis zur Mitte umspült. Dies ist aber überflüssig und riskant, da die natürliche Entwicklung am Substrat hervorragend funktioniert. Allerdings bietet sich die Petrischalen-Methode für Eier an, die ins Wasser gefallen sind, da sie sich hier normalerweise nicht entwickeln. Daher entnimmt man solche Eier baldmöglichst und überführt sie beispielsweise in kleine Plastikdosen mit wenigen Millimetern Wasserstand, die man dann im entsprechend temperierten Aufzuchtbecken auf der Wasseroberfläche treiben lässt, bis die Larven geschlüpft sind. Dann kann man diese direkt ins Wasser der Aufzuchtbecken umsetzen.

Auch Eier, die offenbar bereits längere Zeit im Wasser lagen und rundum mit Mulm verklebt sind, sollte man nicht einfach aufgeben. Ich (KK) fand beispielsweise einmal drei solche Eier von *T. stellatum*, die offensichtlich zu einem Gelege gehörten, dessen Kaulquappen bereits recht weit entwickelt waren. Die im Wasser liegenden Eier dagegen zeigten keinerlei Entwicklung, aber auch nicht die milchige Trübung, wie sie bei verdorbenen Eiern auftritt. Die Eier wurden daher in ein Schälchen mit 2 mm Wasserstand überführt, und siehe da, es entwickelten sich lebensfähige Kaulquappen.

Übrigens ähneln sich die bis jetzt bekannten bzw. beschriebenen Larven der verschiedenen Arten sehr: Bei allen ist der Körper abgeflacht, Augen und Nasenlöcher liegen dorsal (nach oben gerichtet). Die Färbung ist stets dunkel, bei *T. horridum* beispielsweise dunkelbraun oder schwärzlich, bei *T. moloch* schwarz oder dunkelgrau, bei *T. stellatum* dunkelbraun oder schwarz, bei *T. asperum* aschgrau, bei *T. corticale* schwarz. Besonders bei den Kaulquappen von *T. corticale* und *T. stellatum* fällt jedoch ein weißer Flossensaum auf, dessen Färbung jedoch offenbar vom Ernährungszustand der Tiere abhängt.

Kaulquappe von *Theloderma corticale* mit bereits weit entwickelten Hinterbeinen. Besonders fallen die Seitenlinienorgane auf, die der Larve die Orientierung im Wasser erleichtern, da sie auf Wasserdruck reagieren und dadurch beispielsweise Bewegungen potenzieller Feinde anzeigen. Foto: K. Kunz

Bei dieser Kaulquappe von *Theloderma corticale* sind zwar noch Larvenmerkmale wie die Seitenlinienorgane zu sehen, aber auch bereits Merkmale des umgewandelten Froschs, wie die Färbung, die Ausbildung der rauen Hautstruktur oder die nach seitlich vorn verlagerten Augen Foto: K. Kunz

Aufzucht

Die Larven kann man zwar auch im Becken der Elterntiere aufziehen, zu bevorzugen ist jedoch zumindest bei den größeren Arten, insbesondere bei *T. corticale*, eine getrennte Haltung. Daher entnimmt man nach Möglichkeit den Gegenstand, an dem die Eier haften, also beispielsweise ein eingestelltes Stück Korkrinde, und bringt es wieder in gleicher Position im künftigen Aufzuchtbecken an, in dem eine hohe Luftfeuchte herrschen sollte. Auch deshalb eignen sich die oben beschriebenen, eher spartanisch eingerichteten Kunststoffbecken als Zuchtbehälter sehr, denn hier laichen die Frösche in erster Linie an eingebrachten Korkrindenstücken (seltener auch an Tongefäßen), die sich dann leicht herausnehmen und separat zur Zeitigung der Eier unterbringen lassen. In naturnah gestalteten Terrarien, in denen es oftmals nicht möglich ist, die Eier unbeschadet mitsamt Untergrund zu entnehmen, kann die Zeitigung der Eier auch ohne Probleme im Terrarium erfolgen. Die geschlüpften Kaulquappen fischt man am besten am ersten oder zweiten Tag aus dem Wasserbecken und bringt sie im Aufzuchtbecken unter. Wir konnten bis jetzt bei keiner der nachgezogenen Arten beobachten, dass die erwachsenen Tiere Kaulquappen gefressen hätten. Auch die gesamte Aufzucht von Kaulquappen verschiedener Arten gelang im elterlichen Wasserbecken. Hier gab es teils mehr, teils weniger Ausfälle als bei einer gesonderten Aufzucht der Kaulquappen.

Wussten Sie schon?
Es gibt Hinweise darauf, dass die Kaulquappen von *T. corticale* Substanzen absondern, die schädlich für die Larven anderer Arten sind (I. Arinin, schriftl. Mittlg.). Allerdings sorgte bei mir (KK) eine versehentlich zu Quappen von *T. asperum* gesetzte Larve von *T. corticale* für keinerlei Probleme. Dennoch sollten die Kaulquappen aller Arten lieber separat aufgezogen werden.

Die Aufzucht der Larven kann einzeln erfolgen, weit praktischer und arbeitssparender ist aber natürlich eine Aufzucht in nicht zu großen Gruppen, die dann beispielsweise in größeren Plastikkisten aus dem Baumarkt geschieht. Diese werden vorzugsweise mit Wasser aus dem Becken der Elterntiere beschickt und gefiltert, wobei darauf geachtet werden muss, dass keine Larven in den Filter gelangen können. Dies erreicht man z. B. durch über die Einzugsöffnungen gestülpte Stücke von Damenstrumpfhosen.

Eine sehr praktische Alternative ist die von KK entwickelte Aufzucht in einem Durchlaufsystem, wie es auf den Fotos S. 42 und 43 gezeigt ist. Dabei sind Gruppen von 10–15 Kaulquappen gleicher Größe in geräumigen Plastikbehältern (ca. 60 x 40 x 20 cm) untergebracht. Ein Thermofilter beschickt die obersten Aufzuchtbecken mit vorgewärmtem Wasser, durch Abläufe mit Standrohr (z. B. 16 mm Durchmesser) durchströmt das Wasser nach und nach die übrigen Kisten und landet schließlich in einem großen Becken, in dem man praktischerweise weitere Kaulquappen pflegen kann. Von hier wird das

Moosfrosch-Kaulquappen bestehen vorwiegend aus Darm und Schwanz ...
Foto: K. Kunz

Die Aufzucht der Kaulquappen kann auch direkt im Becken der Elterntiere erfolgen – ratsamer ist jedoch eine separate Haltung
Foto: K. Kunz

Hervorragende Aufzuchtergebnisse gelingen mit einer solchen Durchflussanlage. Dabei wird das Wasser in einem Thermofilter erwärmt und gereinigt sowie nach oben gepumpt. Hier fließt es in die Aufzuchtschalen und strömt durch Standrohre mit gegen Einsaugen der Kaulquappen gesichertem Einlass weiter nach unten, bis es schließlich in einem großen Auffangbecken landet. Dort können wahlweise weitere Quappen oder aber adulte Exemplare gehalten werden. Von diesem Becken aus wird das Wasser wieder in den Thermofilter gesaugt. Foto: K. Kunz

Wasser wieder in den Thermofilter gesaugt, hier gereinigt und schließlich angewärmt nach oben gepumpt. Die Höhe der Standrohre in den einzelnen Aufzuchtkisten bestimmt den Wasserstand und sorgt dafür, dass ein Becken auch dann nicht trockenfallen kann, wenn der Filter einmal defekt sein sollte oder zur Reinigung vom Netz genommen werden muss. Der Einlauf der Standrohre wird beispielsweise durch ein Stückchen einer groben, leicht durchlässigen Filtermatte gesichert, sodass keine Kaulquappen eingesogen werden können. Allerdings müssen diese Schaumstoffstückchen regelmäßig z. B. von anhaftendem Futter gereinigt werden, da sie sonst zum Verstopfen der Standrohre und in der Folge zum Überfließen des Wassers in den Aufzuchtbecken führen. Diese Aufzuchtvariante im Durchflusssystem, sozusagen eine Rack-Haltung für Amphibienlarven, birgt mehrere Vorteile: Zum einen hat man auf diese Weise keine Technik direkt in den Aufzuchtbehältern, muss also nicht beispielsweise dafür sorgen, dass keine Quappen etwa in einen Innenfilter gesaugt werden oder sich am Heizstab verbrennen können, zum anderen erhält man so eine effektive Reinigung des Wassers und eine hohe Anreicherung mit Sauerstoff. Außerdem ist der Außenfilter, der ja somit gleich für etliche Becken zuständig ist, sehr rasch gereinigt, im Gegensatz zu einer Vielzahl zu wartender Innenfilter. Wasserwechsel lassen sich so auf ein Minimum beschränken, und dabei kann man gleich den groben Mulm absaugen, der sich am Boden der Aufzuchtbehälter sammelt.

Im Aquazoo hat sich ein dort eigens für *Theloderma*-Kaulquappen entwickeltes System von hintereinander liegenden Aufzuchtfächern innerhalb eines größeren Beckens sehr bewährt. Nach dem oben beschriebenen Prinzip durchströmt auch hier das vom Außenfilter gereinigte Wasser nach und nach die aufeinander folgenden Abteile. Diese sind durch durchlöcherte Trennwände voneinander getrennt. Nachteil dieser Anlage ist, dass sie durch die nebeneinander liegenden Aufzuchtabteile nicht so Platz sparend ist wie die oben beschriebene Variante von KK. Die jeweils beste Lösung für die Kaulquappenaufzucht ist jedoch jene, die den vor Ort herrschenden Bedingungen und den persönlichen Vorlieben des jeweiligen Pflegers angepasst ist und eine op-

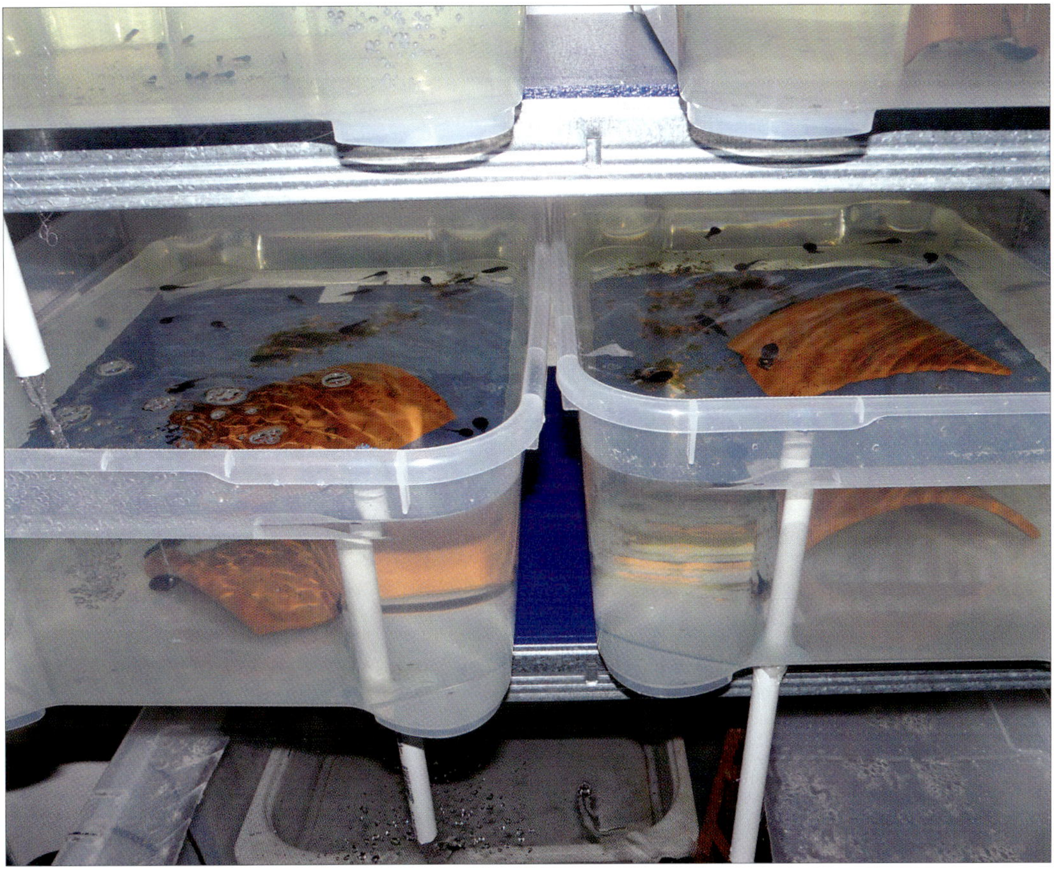

Detailansicht aus der Durchflussanlage Foto: K. Kunz

timale Versorgung der Tiere ermöglicht, ohne dass diese zur Last wird.

Weitere Anregungen zur Gestaltung eines ähnlichen Systems finden Sie auch bei SCHULTSCHIK (2006).

Legt man Wert auf Einzelaufzucht der Quappen, will aber trotzdem nicht auf den Komfort einer Durchflussanlage verzichten, so geht das alles natürlich auch im Miniaturmaßstab: Kleine Behälter, etwa Schraubenkistchen (bei denen man allerdings eine genügend hohe Vorderwand einkleben muss), werden mit Standrohr versehen und lassen sich dann praktisch und Platz sparend in ein entsprechendes Schlitzblech einhängen. Auch hier lässt man in die oberste Reihe vorgewärmtes Wasser einlaufen, das dann nach und nach alle Behälterreihen durchströmt und schließlich unten in einem großen Auffangbecken landet. Von hier aus wird es wieder in den Filter gezogen, der das gereinigte Wasser nach oben pumpt. Bei Einzelaufzucht in einer Anlage für Pfeilgiftfrösche allerdings verfetteten Larven des Vietnamesischen Moosfroschs, vermutlich aus Bewegungsmangel (SH, pers. Beob.).

Als Alternative zu Durchflussanlagen lassen sich die Kaulquappen auch gemein-

Ungewöhnliche Aufzuchtvariante: Kaulquappen von *Theloderma corticale* in einem Haltungsbecken für adulte Pfützenfrösche Foto: K. Kunz

schaftlich in großen Aquarien, Kunststoffkisten/-schalen etc. aufziehen. Hier setzt man dann am besten einen Aquarienheizstab zur Erwärmung des Wasser sowie einen Innen- oder Außenfilter ein, der je nach Modell gegen ein Einsaugen von Larven gesichert werden muss.

Ich (KK) praktiziere außerdem erfolgreich die Aufzucht von Kaulquappen des Vietnamesischen Moosfroschs in einem Haltungsbecken für afrikanische Pfützenfrösche (*Phrynobatrachus* cf. *natalensis*). Der „Bodengrund" besteht hier komplett aus Wasser, lediglich einige Tontöpfe und -scherben bilden Sitz- und Klettergelegenheiten über dem Bodengrund. Ein direkt ins Wasser gestellter *Scindapsus* gedeiht prächtig und schickt seine Ranken in alle Richtungen. Er ist auch der „Filter" dieses Beckens, indem er dem Wasser Nährstoffe entzieht. Ein Aquarienheizstab sorgt für angemessene Temperaturen. Zugegebenermaßen entstand diese ungewöhnliche Vergesellschaftung von *Theloderma*-Quappen und Pfützenfröschen aus einem akuten Platzmangel heraus, doch mittlerweile hat sie sich derart hervorragend bewährt, dass ich sie immer weiterführe. Das Prinzip mit einer wuchskräftigen Rankpflanze als Unterstützung zur Reinhaltung des Wassers lässt sich aber selbstredend auch ohne weitere Beckenbewohner verwirklichen. Bei dieser Aufzuchtvariante haben es überdies frisch umgewandelte Jungtiere leicht, das Wasser zu verlassen und Sitzgelegenheiten über der Wasseroberfläche einzunehmen. Ich (SH) praktiziere bei *T. corticale* und *T. stellatum* erfolgreich eine Aufzuchtvariante in Faunaboxen, die durch einge-

Insbesondere die Larven von *Theloderma corticale* können riesig werden, über 7 cm. Aber auch beispielsweise die Kaulquappen der kleinen Art *T. stellatum* erreichen immerhin noch rund 5 cm Körperlänge. Foto: T. Eisenberg

hängte Ausströmer über Membranpumpen mit Luft versorgt werden. Das Wasser wird nicht extra erwärmt, sondern hat jeweils annähernd Raumtemperatur (ca. 21 °C). Im Wasser dient den Kaulquappen ein Büschel Javamoos (*Taxiphyllum barbieri*) als bei Störungen häufig aufgesuchtes Versteck und als „Futterbar", denn seine Oberfläche wird eifrig nach Fressbarem abgesucht. Das Javamoos muss allerdings nach einiger Zeit ausgetauscht werden. Auch Schwimmpflanzen wie der günstige und schnellwüchsige Wassersalat (auch Muschelblume oder Wasserkohl, *Pistia stratiotes*) haben sich als Versteck und Schattenspender bewährt. Die Faunaboxen werden regelmäßig, spätestens nach drei Tagen, komplett gereinigt. Das Wasser wird dabei jeweils vollständig gegen frisches ausgetauscht.

Immer anzuraten ist, auch im Wasser der Aufzuchtbecken Stücke von Blättern des Seemandelbaums oder „Quappentee" einzusetzen, um die Wasserqualität zu verbessern. Außerdem müssen angeschlossene Filter regelmäßig gereinigt werden. Auftretender Mulm ist abzusaugen (natürlich entsprechend vorsichtig, um keine Kaulquappen zu erwischen), und Wasserwechsel führt man je nach Bedarf durch.

Theloderma-Larven lieben es, sich beispielsweise unter am Boden liegenden Blättern, gewölbten Tonscherben etc. zu verstecken. Zwar lassen sie sich auch in Aufzuchtbecken ohne jede Einrichtung aufziehen, ihrem Bedürfnis nach solchen dunklen Rückzugsorten sollte man jedoch Rechnung tragen.

Insbesondere in zu großen Gruppen können bereits rund zwei Wochen nach dem

Bei hygienischer und auch ansonsten artgerechter Aufzucht wachsen junge Moosfrösche problemlos und extrem rasch heran. Hier eine Gruppe junger Vietnamesischer Moosfrösche.
Foto: K. Kunz

Schlupf Exemplare auftreten, die ihre Geschwister anscheinend im Wachstum unterdrücken. Während sie recht schnell heranwachsen und sich je nach Art nach rund 2–3 Monaten umwandeln, bleibt der Rest der Larven in der Entwicklung zurück und benötigt dann bis zur Metamorphose rund ein halbes Jahr. Hinsichtlich dieser Unterdrückungen wird bei Amphibien generell neben einem offensichtlichen Aggressionsverhalten immer wieder spekuliert, dass die Quappen selbst Hemmstoffe bilden, die Artgenossen, aber auch artfremde Kaulquappen am weiteren Wachstum hindern, weshalb diese verkümmern und schließlich eingehen. Allerdings sind die genauen Mechanismen für dieses Phänomen ungeklärt. Baker et al. (1999) und Beebee (pers. Mittlg. an TE) machen für das Absterben von Kaulquappen in derselben Wasseransammlung bei Amphibien aus gemäßigten Zonen die einzellige Parasitenart *Anurofeca richardsi* verantwortlich. Dagegen sehen andere Autoren in der carnivoren und kannibalischen Lebensweise von Kaulquappen in Kleinstwasseransammlungen einen evolutiven Vorteil, denn in diesem stark limitierenden Lebensraum können so tierische Nährstoffe erschlossen und dieser gegen Artgenossen verteidigt werden (Caldwell & de Aurújo 1998). Allerdings konnten wir bei *Theloderma* bislang weder innerartliche Aggressionen noch Kannibalismus unter den Kaulquappen feststellen.

Um den erwähnten Effekt zu verhindern, sollte man, wie erwähnt, die Gruppen nicht zu groß wählen und „Unterdrückerlarven“ separat weiter aufziehen. Allerdings treten sie ohnehin nur in sehr seltenen Fällen auf und repräsentieren möglicherweise einfach nur die natürliche Variationsbreite in der Larvalentwicklung dieser Arten.

Bei *T. corticale* gibt es jedoch manchmal vermehrt Kaulquappen sowohl aus unterschiedlichen als auch denselben Gelegen, die selbst nach einem halben Jahr nicht zur Metamorphose kommen. Kleine Hinterbeine wurden zwar entwickelt, jedoch blieben die Kaulquappen bei einer Größe von ca. 6 cm stehen. Dies geschah sowohl bei Einzel- als auch bei Gruppenaufzucht. Unter exakt gleichen Bedingungen (gleiches Wasser, Temperatur, Futter, Wasserstand) entwickeln sich über 95 % der Kaulquappen normal. Teils betrifft dieses Phänomen jedoch auch alle Exemplare einer Aufzuchtbox. Eine Ursache dafür könnte im Fehlen einer entsprechenden Darmflora liegen, denn Kaulquappen, die bei mir (KK) im selben Wasserkreislauf mit adulten Exemplaren aufwuchsen, zeigten niemals dieses Stehenbleiben im Wachstum. Mehr noch: Zehn solche sich nicht weiterentwickelnde Kaulquappen in einem separaten Aufzuchtbehälter fügte ich (KK) Wasser aus dem Becken der Elterntiere bei, und innerhalb kürzester Zeit setzten sie ihr Wachstum fort und wandelten sich um – Koinzidenz oder ursächlicher Zusammenhang?

Theloderma-Larven besitzen gut ausgebildete, verhornte Zahnleisten zum Abraspeln von Nahrung, die Kaulquappen zumindest der größeren Arten gehen bei Gelegenheit aber auch an größere Beute wie Moskitolarven oder *Tubifex*-Würmchen, die sie mit ihren Kiefern durch Saugschnappen packen und einstrudeln können. Für eine artgerechte Ernährung ist es interessant zu wissen, welche anatomischen Anpassungen an das Fressen die Tiere aufweisen und was sie in der Natur aufnehmen. Untersuchungen dazu liegen zwar nur für *T. stellatum* vor, doch lassen sich diese Resultate wohl auf die Larven weiterer, wenn nicht sogar aller *Theloderma*-Arten übertragen. Die Kaulquappen von *T. stellatum* weisen nach WASSERSUG et al. (1981) anatomische Merkmale sowohl von Suspensionsfressern des freien Wassers (Filterappa-

Bereits schön herangewachsenes Jungtier von *Theloderma corticale*
Foto: K. Kunz

Die Kaulquappen mampfen Flockenfutter durch Saugschnappen in sich hinein Foto: K. Kunz

rat) als auch solche von makrophagen Tieren (solche, die sich von größeren Futterbrocken ernähren) auf. Dementsprechend fanden die Forscher in ihrem Magen-Darm-Trakt Futterreste unterschiedlichster Größe. Nachgewiesen wurden Amöben, Pilzsporen, Schmetterlingsschuppen und die Außenskelette kleinerer Gliedertiere sowie weiche, nicht bestimmbare Anteile. Einzellige Nahrungsbestandteile wurden auch im Filterapparat entdeckt. Winzige ebenso wie größere Objekte tragen offenbar zur Ernährung der Kaulquappen bei. WASSERSUG et al. bezeichnen sie als detritivor und omnivor, die Larven fressen also sich zersetzendes Material tierischer wie pflanzlicher Herkunft, sind aber wohl nicht dazu in der Lage, aktive, sich widersetzende Beute zu fangen. (Übrigens sind die Kaulquappen – wenig überraschend im sauerstoffarmen Milieu, in dem sie leben – aufgrund des weitgehenden Fehlens von Kiemengewebe fast vollständig auf Luftatmung angewiesen.)

Auch tierisches Futter wie Insektenlarven oder selbst tote Geschwister wird nicht verschmäht, wie dieses fein säuberlich abgenagte Kaulquappenskelett belegt Foto: K. Kunz

Als Futter in menschlicher Obhut bieten sich demnach in erster Linie verschiedene Sorten hochwertiger Fischfutter-Flocken an – auf diese Weise wird man ihrer omnivoren Ernährung wohl am besten gerecht. Die Larven zumindest der größeren Arten gehen aber auch an tierisches Futter wie die genannten *Tubifex*-Würmer, schwarze und rote Mückenlarven oder auch tote Geschwister. Werden sie in Becken mit Adulti aufgezogen, so fressen sie dort nicht nur ertrunkene Futtertiere, sondern ein größerer Schwarm ist dazu in der Lage, selbst ein totes erwachsenes Exemplar in wenigen Stunden zu skelettieren, wie es von *T. gordoni* berichtet wurde (ARININ 2009). Futter tierischer Herkunft sollte dementsprechend etwa ein Viertel bis ein Drittel der Nahrung ausmachen, obwohl manche Züchter auch berichten, dass sie die Larven ihrer Tiere allein mit Algennahrung (*Spirulina*) aufziehen. Ich (SH) dagegen machte die Erfahrung, dass eine ausschließliche Fütterung von Larven von *T. stellatum* mit hochwertigem Brennnesseltee (Aufguss und Blätter) zu kümmernden Exemplaren führt, die beim Landgang sog. Streichholzbeinchen (siehe „Gesundheit" S. 108) entwickelten, und DUNCE (o. J.) berichtet, eine einseitige Fütterung mit pflanzlicher Nahrung wie gekochten Brennnesselblättern sei auch bei *T. corticale* verantwortlich für kleinere und schwächere Jungtiere. Eine bei KK bewährte Mischung ist jedoch ein Brennnesselaufguss (mit Blättern, Tee aus der Apotheke!) mit hochwertigem Fischfutter und *Spirulina*-Fischfutter-Flocken. Um die Kalziumversorgung der heranwachsenden Kaulquappen zu sichern, kann man beispielsweise gemahlene Schalen gekochter Eier und Sepia-Schulp anbieten, der allerdings anfangs z. B. unter einem Stein eingeklemmt werden muss, damit er nicht aufschwimmt.

Die Larven zeigen eine gewisse Tendenz dazu, sich an Futtersorten zu gewöhnen, und sind dann u. U. schwierig an neue Sorten zu bringen. Eine Methode, um dieses Problem zu umgehen und um gleichzeitig eine große Vielfalt an Futtermitteln zu offerieren, ist folgende Vorgehensweise, die ich (TE) erfolgreich praktiziere: Man mischt beispielsweise Brennnesseltee, verschiedene Fischfutter (etwa Aufzuchtmischung für Welse, Diskusgranulat, Cyclop-Eeze, TetraMin), Blütenpollen, Hasenpellets, Mineralstoffpulver etc. und mahlt alles (z. B. in einer Kaffeemühle) sehr fein. Außerdem bestrahle ich (TE) meine Kaulquappen einmal pro Woche für etwa 20 Minuten mit einer UV-Lampe (Osram Ultravitalux 300 W) aus 70 cm Abstand, um die Synthese von aktivem Vitamin D_3 anzuregen und so den Kalzium-Haushalt zu optimieren. Es ist bekannt, dass ein Großteil des UV-Lichts an der Wasseroberfläche reflektiert wird, aber erstens ließen sich so bei anderen Froscharten erfolgreich Streichholzbeinchen vermeiden, und zweitens scheint Licht dieser Wellenlänge einen positiven Einfluss auf die Kaulquappen an sich auszuüben. Diese schwimmen vermehrt umher, suchen aktiv die Oberfläche auf und setzen sich so besonders intensiv der Strahlung aus. Obwohl damit gute Erfahrungen vorliegen, ist diese Bestrahlung hier rein prophylaktischer Natur und eventuell nicht unbedingt nötig, wenn das Futter alle nötigen Vitamine und Mineralstoffe in ausreichenden Mengen

Je vielseitiger die Ernährung der Kaulquappen gestaltet wird, desto besser lassen sich Mangelerscheinungen verhindern. Die Kaffeemühle dient zum Zerkleinern der Futtermischung, sodass sie mit einem Gewürzstreuer dosiert werden kann. Foto: T. Eisenberg

enthält, wie die Aufzuchterfolge bei anderen Züchtern belegen. Jedoch berichtete Matthias Götz in einem Vortrag während der Jahrestagung der Deutschen Gesellschaft für Herpetologie und Terrarienkunde, dass mittlerweile die Amphibien des Zoos Jersey generell mit UV-Licht bestrahlt würden. Es habe sich nämlich bei Röntgenaufnahmen herausgestellt, dass ein Großteil auch scheinbar gesunder Frösche mangelhaft kalzifizierte Knochen und Knochenbrüche zeigte. Möglicherweise muss hier in Zukunft auch bei der Haltung von Amphibien umgedacht werden.

Ein generelles Beleuchten der Quappen am Tag trägt u. U. zu einem vermehrten Algenbewuchs bei, der sich ebenfalls positiv auf die Entwicklung der Larven auswirken kann.

Wichtig ist in jedem Fall, dass die gewählten Futtersorten nicht aufschwimmen, da erstens die Kaulquappen ihr Futter bevorzugt

Jungtieren während und direkt nach der Umwandlung sollten Möglichkeiten zum leichten Verlassen des Wasser zur Verfügung stehen. Allerdings schaffen sie es auch, an der glatten Behälterwand herauszuklettern. Foto: K. Kunz

nicht von der Wasseroberfläche oder im Wasser treibend aufnehmen, sondern vom Boden bzw. den Wänden des Behälters oder der Einrichtungsgegenstände, und sich zweitens ansonsten in Durchflussanlagen die Schaumstoffstückchen schnell zusetzen, die die Abflüsse der Standrohre gegen das Einsaugen von Kaulquappen schützen; die Folge wäre, dass Wasser aus den Aufzuchtkisten überläuft.

Im Idealfall verfüttert man mehrfach kleine Dosen über den Tag verteilt, zumindest aber jeweils morgens und abends oder einmal täglich. Die richtige Futtermenge hängt dabei von Art, Zahl und Größe der Kaulquappen ab, was wiederum beispielsweise von der Wassertemperatur und anderen Faktoren mit beeinflusst wird. Darum lassen sich hier keine genauen Angaben machen, sondern man muss sich an die adäquate Menge vorsichtig herantasten.

Sobald sich die Vorderbeine der Tiere ausstülpen, ist für leichte Ausstiegsmöglichkeiten zu sorgen, damit die Jungen nicht ertrinken. Man bringt also beispielsweise künstliche oder natürliche Rankpflanzen ein, die teils über die Wasseroberfläche hinausragen, Steine, Korkrindenstücke, Wurzeln, Stücke einer Filtermatte etc. Allerdings ertrinken junge Moosfrösche normalerweise nicht, sondern verlassen das Wasser problemlos selbst an der glatten Wand.

Die frisch umgewandelten Jungen können teils etwas empfindlich auf neue Umweltbedingungen reagieren. Daher sollten sie entweder eine Weile im Aufzuchtbecken weiter gepflegt werden, oder aber man überführt sie in ein Terrarium, in dem identische Bedingungen herrschen (das betrifft auch und vor allem das Wasser). Man kann sie zunächst auch in kleinen Schalen mit ausreichender Belüftung (!) halten, die beispielsweise Schaumstoffstreifen als Sitzgelegenheiten und etwas Wasser aus dem Aufzuchtbecken enthalten. Diese Schalen werden dann leicht schräg in das Aufzuchtbecken der Kaulquappen gestellt, beispielsweise an einer Querseite auf einem Stein aufliegend. Auf diese Weise sammelt sich das Wasser in einem Teil des Miniterrariums, der andere Teil bleibt trocken – hier kann man auch füttern. Ähnlich kann man vorgehen, wenn größere Mengen an Jungtieren untergebracht werden sollen, was dann aber natürlich nicht mehr innerhalb des Aufzuchtbeckens der Larven möglich ist. Hier greift man beispielsweise auf große, flache Kunststoffterrarien („Faunaboxen“) zurück, die ebenfalls

Wie enorm die Größenunterschiede innerhalb der Gattung sind, zeigt dieses Bild: Ein adultes Exemplar von *Theloderma asperum* sitzt neben einem wenige Tage alten Jungtier von *T. corticale* Foto: K. Kunz

schräg gestellt werden, sodass eine Zone immer trocken bleibt und abends die Futtertiere aufnehmen kann.

In jedem Fall sollte das Aufzuchtbecken für die Jungtiere nicht zu geräumig sein, damit die Kleinen ihr Futter auch finden, das je nach Größe aus *Drosophila* sowie Jungstadien von Grillen, Heimchen und anderen Futtertieren besteht, die immer mit einem Mineralstoff/Vitamin-Pulver eingestäubt werden.

Eine bewährte Methode US-amerikanischer Züchter zur Aufzucht einer großen Zahl an Jungtieren ist es, sie in belüfteten Kunststoffbecken zu halten, deren Bodengrund lediglich mit ein wenig Wasser bedeckt ist, die aber keine Einrichtungsgegenstände aufweisen. Für die entsprechende Wärme sorgt eine Zentralheizung im Raum. Jeden zweiten Tag wird das Wasser komplett abgelassen und der Behälterboden getrocknet. Dann gibt man eine entsprechende Anzahl Futtertiere dazu. Nach etwa einer Stunde werden übrig gebliebene Futtertiere entfernt, und man füllt wieder Wasser ein.

Dieses sich häutende Exemplar von *Theloderma corticale* zieht die alte Haut teils mit dem Maul, teils mit den Gliedmaßen vom Körper und frisst sie auf Foto: K. Kunz

Nicht erschrecken!

Wenn Sie ein *Theloderma*-Exemplar dabei überraschen, wie es die Gliedmaßen verdreht, um damit über den Rücken streichen zu können, der von schleimig weißen Fäden überzogen ist, die auch das aufgesperrte oder krampfhaft schnappende Maul durchziehen – keine Angst, ihr Tier ist dann nicht krank, sondern es häutet sich lediglich...

Artenporträts

Von den derzeit anerkannten 15 Arten liegen in Mitteleuropa leider nur mit wenigen terraristische Erfahrungen vor. Wo dies der Fall ist, finden Sie in den folgenden Artenporträts nähere Angaben zu Besonderheiten der Haltung. Viele Arten werden jedoch aufgrund ihrer mutmaßlichen oder tatsächlichen Seltenheit sowie aufgrund restriktiver Ausfuhrbestimmungen ihrer Heimatländer (z. B. Indien) auch in absehbarer Zeit terraristisch und für Erhaltungszuchten leider nicht zur Verfügung stehen. Von etlichen Arten gibt es unseres Wissens auch keinerlei Lebendfotos, sondern lediglich Abbildungen konservierter Tiere. Da diese aber wenig aussagekräftig sind, haben wir hier auf ihren Abdruck weitestgehend verzichtet und als Beispiel für solche Fotos lediglich Bilder von *T. kwangsiense* und *T. rhododiscus* wiedergegeben.

Theloderma asperum (Boulenger, 1886), Rauer Flechtenfrosch

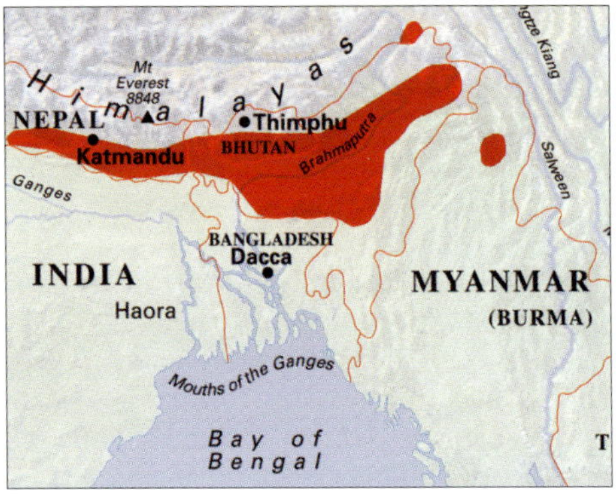

Verbreitung von *T. asperum* nach iucnredlist.org

Verbreitung

Birma, China, Indien, Indonesien, Kambodscha, Laos, Malaysia, Sumatra, Thailand, Vietnam, möglicherweise auch Bangladesch, Bhutan und Nepal. Dem Foto in Das (2007) nach zu schließen, lebt die Art auch in Brunei auf Borneo, denn beim darauf zu sehenden Exemplar eines als *Theloderma* sp. bezeichneten Froschs dürfte es sich mit ziemlicher Sicherheit um *T. asperum* handeln.

Aussehen

Diese kleine Art wird nicht viel größer als 3 cm. Vor allem Jungtiere zeigen auffällige weißliche Färbungsanteile. Teile ihres Rückens sowie die Beine sind schwärzlich und in verschiedenen Brauntönen (von gelblich bis rötlich braun) gehalten, mit weißen Flecken durchsetzt. Ob diese weiße Färbung eine „Nachahmung" von Vogelkot darstellt und somit der Tarnung dient, wie teils im Internet gemutmaßt wird? Möglicherweise – aber wir sind eher der Meinung, dass die weißen Färbungsanteile, wie sie auch beispielsweise bei *T. licin*, *T. ryabovi* oder *T. stellatum* auftreten, Flechten imitieren – also auch ein Tarneffekt, aber eben auf eine andere Art und Weise ... Erwachsene Tiere dagegen sind oberseits rotbraun, schwärzlich und beige getönt, die Flanken schmutzig weißlich mit rötlichen Flecken. Der hintere Rückenbereich ist meist durch einen heller bräunlichen, halbmondartigen Fleck abgegrenzt. Bei einigen Exemplaren bleibt das Körperende weiß, bei Tieren aus Nord- und Zentral-Vietnam dagegen überwiegen schneeweiße Färbungselemente sogar.

Nachts werden vor allem malaiische Exemplare blasser und wirken insbesondere an den hellen Hautbereichen (Kopfseiten, Flanken) opak hellgrau.

Die Haut der Oberseite ist durch kleine Tuberkel und Hautfalten rau, worauf der wissenschaftliche Artname hinweist. Die Rumpfunterseite ist schwärzlich braun gefleckt und von dünnen, cremefarbenen bis weißen Zeichnungselementen durchzogen. Die Finger weisen keine Schwimmhäute auf. Die Maulregion ist in der Aufsicht eher rundlich. Auffälligstes Merkmal sind die wunderhübschen, dunkelroten Augen. Das Männchen besitzt eine Schallblase. Eine detaillierte Beschreibung der Kaulquappen findet sich bei Leong & Lim (2003).

***Theloderma asperum* aus Nord-Vietnam ...**

... sowie *Theloderma asperum* aus Malaysia ...

... unterscheiden sich untereinander sowie von Exemplaren aus Zentral-Vietnam so stark, dass man wohl – selbst das enorme Farbwechselvermögen dieser Tiere eingerechnet – davon ausgehen kann, dass es sich hier nicht nur um lediglich ein Taxon handelt Fotos: K. Kunz

Exemplar von *T. asperum* aus Zentral-Vietnam
Foto:K. Kunz

Unterseite von *T. asperum* Foto: K. Kunz

Lebensweise

Theloderma asperum bewohnt subtropische und tropische Wälder bis 1.400 m ü. NN. Über die Biologie dieser Frösche in der Natur ist kaum etwas bekannt. Vermutlich leben die Tiere hier vor allem in wassergefüllten Baumhöhlungen, obwohl sie auch manchmal in niedriger Vegetation oder auf Baumstümpfen gefunden werden. Die Vermehrung erfolgt in den erwähnten Baumlöchern, in wassergefüllten Kammern von Bambusrohren, kleinen Regenwasserreservoirs oder wassergefüllten künstlichen Behältnissen, selbst solchen aus Plastik, wie LEONG & LIM (2003) feststellen konnten. Auch Hans KAM (schrift. Mittlg.) bestätigte, man könne die Tiere selbst in wassergefüllten Behältnissen in Häusern nahe dem Bergregenwald beobachten. Und RYABOV (pers. Mittlg.) glückte außerdem eine recht erstaunliche Entdeckung: Er fand ein Pärchen in einem Regenfass eines Hauses mitten in einem sehr ausgedehnten Maisfeld von einigen hundert Metern Durchmesser. Wie die Frösche dieses Wasserreservoir fanden und durch das Maisfeld, das ja überhaupt nicht ihrem natürlichen Lebensraum entspricht, dorthin gelangten, ist rätselhaft. Möglicherweise besitzen sie einen sehr feinen Geruchssinn, der sie zum Wasser leitet.

Auffällig bei dieser Art ist das „Winken" mit den abgespreizten Hinterextremitäten, das besonders (ausschließlich?) abends bei Beginn der Fütterung zu beobachten ist und das wir bislang bei keiner anderen *Theloderma*-Art nachweisen konnten, obwohl natürlich nicht auszuschließen ist, dass es auch bei ihnen auftritt. Besonders bei der nahe verwandten Art *T. licin* ist sogar durchaus damit zu rechnen. Ob es sich dabei um ein Verhalten handelt, das mit dem Beutefang in Zusammenhang steht, oder ob das

Das „Beinwinken" kann *Theloderma asperum* sowohl vor (links) als auch direkt nach (rechts) dem Packen einer Beute zeigen, jedoch tritt es offenbar nur zu Anfang der Aktivitätsphase auf – vermutlich dient es daher eher der Kommunikation als dem Beutefang Fotos: K. Kunz

auffällige Winken der innerartlichen Kommunikation dient, kann derzeit noch nicht gesagt werden. Generell wäre aber eine solche visuelle Kommunikation unter Froschlurchen keine Ausnahme, sondern sie kommt bei recht vielen Arten aus diversen Familien vor (siehe z. B. Amézquita & Hödl 2004; Böckle et al. 2009; Hödl & Amézquita 2001; Hirschmann & Hödl 2006; Preininger et al. 2009; Sazima 2006). Bei *T. asperum* stellt sich das Wink-Verhalten nach meinen (KK) bisherigen Beobachtungen wie folgt dar: Nach dem Abschalten der Hauptbeleuchtung des Terrarienraums und dem Einbringen von Futtertieren wenden sich Exemplare, die Sichtkontakt zu Beute bekommen, dieser zu. Dann zeigen sie oft ein roboterhaft wirkendes, meist in drei Phasen erfolgendes Ausstrecken zuerst des einen, dann des anderen Beins zur Seite und leicht nach oben gerichtet. Auch unmittelbar nach dem Zustoßen und Ergreifen der Beute mit den Kiefern ist das Verhalten erneut zu sehen. Es scheint, als „antworteten" Artgenossen in Sichtkontakt mit demselben Beinausstrecken, doch eventuell erfolgt das Verhalten auch bei ihnen spontan; wahrscheinlicher ist aber Ersteres. Bei voll ausgestrecktem Bein – manchmal bleibt das Verhalten auch sozusagen auf halbem Wege stehen –

Wundervolle, tiefrote Augen zeichnen *T. asperum* aus Foto: K. Kunz

Bereits bei Kaulquappen kurz vor der Umwandlung ist die rote Irisfarbe zu erkennen Foto: K. Kunz

ist zu erkennen, dass die Schwimmhaut des Fußes komplett gespreizt und somit dessen schwarze Streifung deutlich sichtbar wird. Im weiteren Verlauf der Beutesuche wird das Beinabspreizen dann offenbar nicht mehr gezeigt, dafür aber manchmal das Vibrieren mit den Zehen, das auf S. 32 bereits erwähnt wurde. Und schließlich konnte ich (KK) bei dieser Art erstmals für Thelodermen ein Kampfverhalten zwischen Männchen nachweisen: Eines Nachts hörte ich stakkatoartige Rufe aus einer großen Faunabox, in der zwei Männchen und ein Weibchen leben. Die Männchen riefen abwechselnd oder gleichzeitig, sprangen dann aber ins Wasser und schwammen mit nach unten vorn ausgestreckten Armen hektisch umher. Trafen sie aufeinander, so umklammerten sie sich gegenseitig, und dabei waren dann die erwähnten stakkatoartigen Rufe zu hören. Das Klammern erfolgte frontal ebenso wie von der Seite oder von hinten. Eine Verwechslung mit einem Weibchen ist wohl aufgrund des geschilderten Verhaltens und der speziellen Rufe auszuschließen. Der mutmaßliche Kommentkampf glich in seinen Grundstrukturen dem üblichen Kampfverhalten, das ich von *Hymenochirus boettgeri* (Boettgers Zwergkrallenfrosch) beschrieben habe (KUNZ 2004).

Bedrohung

Die Art leidet unter der Zerstörung und Veränderung ihres Lebensraums. Außerdem handelt es sich hier wohl um die einzige *Theloderma*-Art, die in nennenswerter Zahl für den Tierhandel gefangen wird. Zwar wird sie derzeit von der IUCN als „nicht gefährdet" eingestuft, doch sind ihre Bestände abnehmend. RYABOV (schriftl. Mittlg.) zufolge handelt es sich bei *T. asperum* aber nach wie vor um eine der am häufigsten anzutreffenden Arten der Gattung.

Besonderheiten in der Pflege

Da die Tiere recht klein sind, genügt für ein Pärchen oder eine kleine Gruppe aus einem Männchen und mehreren Weibchen ein Becken von z. B. 60 x 30 x 30 cm. In geräumigen Terrarien lassen sich auch sehr viele Exemplare gemeinsam pflegen und hier auch zur Nachzucht bringen. Hans KAM (schriftl. Mittlg.) etwa hielt sogar mehr als 30 Tiere in einem Terrarium von nur 45 x 30 x 35 cm, und die Frösche vermehrten sich darin problemlos. Allerdings ist dies natürlich eine extreme Haltungsform, und im Normalfall sollte man den Tieren mehr Raum zugestehen.

Man kann in das Terrarium für *T. asperum* ein großes Wasserbecken einbringen oder die gesamte Bodenfläche einige Zentimeter hoch mit Wasser fluten. In der Literatur werden Haltungstemperaturen von 28–30 °C tagsüber sowie von 22–23 °C nachts erwähnt. Ich (KK) halte meine Tiere jedoch bei Werten von tagsüber rund 23–25 °C, mit einer Nachtabsenkung um 1–2 Grad. Aus dem Wasser lässt man Korkrindenstücke und Äste ragen. Einige Kunststoffpflanzen, die teils darin treiben, dienen als willkommene Verstecke und Sitzgelegenheiten. Während sich die Tiere tagsüber oft gerne halb im Wasser aufhalten, klettern sie nachts geschickt umher und suchen nach Futter. Sie sind zu erstaunlich weiten Sprüngen imstande, was man insbesondere bei Pflegearbeiten während der Aktivitätszeit bedenken sollte. Die Gelege sind recht klein und umfassen meist nur rund ein halbes Dutzend Eier, werden jedoch zwei- bis dreimal hintereinander in Abständen von knapp zwei Wochen abgelegt. Danach schieben die Frösche eine Pause ein, bis alle Jungtiere aus dem Wasser sind – offenbar nehmen sie die Präsenz der Larven wahr. Die Kaulquappen schlüpfen nach rund 8–10 Tagen, nach rund zwei Monaten wandeln sich die ersten Tiere um. Sie besitzen dann eine Größe von rund 1–1,2 cm, wachsen aber rasant heran. Ich (KK) hatte Nachzuchten, die bereits drei Wochen (!) nach dem Verlassen des Wassers zum ersten Mal riefen. Mit schon rund 3–6 Monaten können sich die Tiere ihrerseits wieder fortpflanzen. Dieter EMMERICH, dem die wohl erste Nachzucht der Art in Deutschland gelang, glückte mittlerweile auch die Vermehrung in der zweiten Generation (Stand: 26.01.2009, schriftl. Mittlg.).

Theloderma bicolor (BOURRET, 1937), Sa-Pa-Moosfrosch

Verbreitung von *T. bicolor* nach iucnredlist.org

Verbreitung

Diese Art ist bislang nur aus der Gegend um Sa Pa in Nord-Vietnam bekannt, wo sie von 1.200–1.900 m ü. NN gefunden wurde.

Aussehen

Theloderma bicolor ist eine mittelgroße Art von bis zu ca. 52 mm und ähnelt *T. corticale* sowie *T. kwangsiense*. Auf der schwärzlich bis

Eingewöhnte, sich sicher fühlende Exemplare von *Theloderma bicolor* zeigen ihre Grün- und Gelbgrüntöne Foto: K. Kunz

Ein Moosfrosch im wahrsten Sinne des Wortes: *Theloderma bicolor* Foto: S. Honigs

rötlich braunen Grundfarbe des Rückens verläuft ein moosgrüner Längsstreifen von der Schnauze bis zum Körperende, davon gehen weitere grüne Querstreifen aus, der Kopf zeigt meist eine Art grüner Raute aus solchen Streifen. Auch die Gliedmaßen sind grün gestreift. Die zum physiologischen Farbwechsel fähigen Tiere können aber außerdem praktisch einheitlich sehr dunkel, fast schwarz wirken, andererseits in seltenen Fällen auch fast einfarbig grün. Jungtiere sind besonders farbenfroh, sie zeigen rote Punkte auf der Oberseite. Bei Männchen in Paarungsstimmung sind verstärkt Anteile von Rotviolett zu sehen. Der hintere untere Bereich der Flanken, an dem in Ruhestellung die Hinterbeine anliegen, ist ebenso wie die Innenseite der Schenkel gelblich grün und von schwarzen Flecken durchzogen. Zwischen den Fingern befindet sich keine Schwimmhaut. Die Schwimmhaut der Zehen reicht jeweils bis zur Haftscheibe. Die jeweils inneren zwei Haftscheiben an Händen und Füßen können gelblich gefärbt sein. Die Iris ist moosgrün und von einem schwarzen Netzwerk durchzogen. In seltenen Fällen treten rein dunkel gefärbte Augen auf. Die Körperoberseite inklusive Kopf ist durchweg von teils spitzen Warzen verschiedener Größe überzogen. Die Rumpfunterseite ist schwarzweiß gemustert.

Unterseite von *Theloderma bicolor* Foto: K. Kunz

Lebensweise

Über die Biologie von *T. bicolor* ist leider sehr wenig bekannt. Die Tiere wurden in einer Karst-Schlucht in einem immergrünen Bergregenwald gefunden. Ob die Eier in Baumhöhlungen oder an offenen Wasserreservoirs abgelegt werden, weiß man nicht.

Bedrohung

Die Art wird von der IUCN als bedroht eingestuft. Gefahren gehen von der Zerstörung

Je nach Stimmung und Sitzplatz (im Wasser oder an Land) kann *T. bicolor* auch durchgehend leuchtend grün gefärbt sein Foto: K. Kunz

***Theloderma bicolor* von der Seite betrachtet** Foto: K. Kunz

ihres Lebensraums für land- und forstwirtschaftliche Zwecke, Feuern und der Entwicklung von Infrastruktur für den Tourismus aus. Allerdings liegt der Lebensraum von *T. bicolor* teils im Hoang-Lien-Son-Nationalpark, sodass hoffentlich wenigstens hier das Überleben einigermaßen gesichert werden kann. Ein Erhaltungszuchtprogramm sollte dennoch möglichst rasch und umfassend aufgebaut werden.

Besonderheiten in der Pflege

Theloderma bicolor ist im Vergleich zum äußerlich ähnlichen, aber viel größeren *T. corticale* etwas scheuer und verschwindet schon bei kleineren Störungen kopfüber im Wasser – oder bleibt ruhig sitzen, im Vertrauen auf seine Tarnung. In Ruhehaltung pressen sich die Tiere nämlich derart dicht beispielsweise in die Strukturen von Korkrinde, dass sie förmlich damit verschmelzen. Geeignete Versteckmöglichkeiten sind für diese Tiere besonders wichtig. Der sehr angenehme, vogelartige, anschwellende Ruf ertönt häufig auch tagsüber, obwohl die Frösche ansonsten strikt nachtaktiv sind, wie wohl alle *Theloderma*-Arten. Tagsüber scheut *T. bicolor* grelles Licht und sucht Schatten auf. Die Haltung bei geringer Beleuchtung, beispielsweise lediglich über die Raumbeleuchtung, hat sich bei allen von uns gehaltenen Thelodermen bewährt. Die Gelege umfassen trotz der im Vergleich etwa zu *T. asperum* oder *T. stellatum* doch erheblichen Körpergröße der Weibchen meist nur ca. 3–8 Eier.

Auf 1.600 m ü. NN liegt die mittlere Temperatur im Lebensraum bei 15–18 °C. Im Sommer werden 20–25 °C erreicht, im Win-

Beunruhigte Individuen von *T. bicolor* können fast einfarbig schwarz wirken, so wie dieses frisch eingetroffene Exemplar
Foto: K. Kunz

Knallbunt gehen junge *Theloderma bicolor* an Land
Foto: K. Kunz

ter können die Werte auf den Nullpunkt sinken. Aber selbst im Sommer ist Klima innerhalb eines einzigen Tages recht wechselhaft: Morgens und nachmittags ist es recht kühl, mittags warm, abends wird es wieder kühl. Ohne Vorwarnung können an einem sonnigen Sommertag heftige Regenfälle einsetzen. Dementsprechend kann die Haltung der Tiere recht kühl erfolgen, bei Tagwerten von rund 22 °C und Nachtwerten von 20 °C oder weniger.

Neben der Einzelaufzucht funktioniert auch die Aufzucht der Kaulquappen im Becken der Elterntiere problemlos. Dazu wird das Wasser darin nicht gefiltert, nur ab und an führe ich kleinere Teilwasserwechsel durch. Im Wasser befinden sich neben einem Seemandelbaumblatt auch Eichenblätter. Die Larven werden bei geringer Dichte nicht eigens gefüttert, sondern fressen offenbar den Kot der Adulten sowie ertrunkene Futtertiere. Erst wenn sich sehr viele Quappen im Wasser befinden, füttere ich zu. Jungtiere scheinen Probleme mit zu hohen Temperaturen zu haben und gedeihen nach meinen Erfahrungen am besten in einem Bereich von 18–20 °C.

Theloderma corticale (Boulenger, 1903), Vietnamesischer Moosfrosch

Verbreitung von *T. corticale* nach iucnredlist.org

Verbreitung

Die Art ist aus den Provinzen Vinh Phu, Back Thai, Cao Bang und Lang Son im Norden Vietnams bekannt. Eventuell kommt sie auch in den angrenzenden Regionen Chinas vor.

Aussehen

Adulte Exemplare erreichen rund 7,5 cm Körperlänge und sind damit sehr beeindruckende Tiere. Nach Ryboltovsky (1999b) sollen sie sogar bis zu 9 cm lang werden können. Männchen bleiben etwas kleiner und schlanker. Hier handelt es sich um einen „Moosfrosch“ im Sinne des Wortes, denn Färbung und Struktur der Haut erinnern frappant an ein Büschel Moos oder an Flechten, die einen Stein oder ein Stück Totholz überzogen haben. Die Haut der Körperoberseite ist geschlechts-, stimmungs- und verhaltensabhängig heller oder dunkler rötlich braun, purpur- bis lilafarben und schwarz gefärbt sowie von moosgrünen Zeichnungselementen durchzogen, die breiter sind als bei *T. bicolor*. Bei Jungtieren sind rote Punkte auf der Oberseite zu erkennen. Die Rumpfunterseite ist weißlich, gelb-

Junge Nachzucht-Exemplare von *Theloderma corticale* sind kontrastreich gefärbt Foto: K. Kunz

lich grün sowie schwärzlich, an Kehle und Unterschenkeln bei Jungtieren auch rot gekörnt, wobei ein Fleckenmuster entsteht. Färbungsdetails vererben sich offenbar – so hatte ein Männchen, das ich (KK) dem Aquazoo Düsseldorf überließ, verstärkt lila Farbelemente, die sich dann auch in seinem Nachwuchs wiederfanden.

Die gesamte Körperoberseite ist stark warzig. Die Färbung der Iris ist in entsprechenden Grüntönen gehalten, von schwarzen Linien durchzogen und stört so nicht die perfekte Tarnung. Zwischen dem dritten und dem vierten Finger besteht eine rudimentäre Schwimmhaut.

Die Brunftschwielen geschlechtsreifer Männchen sind sehr auffällig ausgeprägt und färben sich in der Balzphase intensiv fleischig rosa. Offenbar nur bei Männchen kommt es periodisch zum Anschwellen der Haftscheiben – ob dies dem sicheren Halt an den Weibchen oder anderen Zwecken dient, ist bislang nicht bekannt. Im Wasser sitzende *T. corticale* färben sich dunkel und sind nicht mehr als die an Land häufig grell hellgrünen „Mooskissen" zu erkennen.

Bizarre Schönheit: Vietnamesischer Moosfrosch
Foto: T. Eisenberg

Im Wasser sitzende Moosfrösche färben sich stets dunkel, wie hier *Theloderma corticale* Foto: S. Honigs

Lebensweise

Seit der Beschreibung der Tiere im Jahr 1903 war über ihre Lebensweise in der Natur praktisch nichts bekannt, bis Expeditionen russischer Forscher in ihren Lebensraum interessante Erkenntnisse erbrachten. RYBOLTOVSKY (1999a) beschreibt anschaulich die Fundumstände, unter denen er und seine Kollegen die Art in Tam Dao, 90 km von Hanoi, Vietnam, aufspürten. Sie entdeckten die Tiere in Restwaldbeständen, die überleben konnten, weil extrem steile Hänge das Abholzen verhinderten. Hier lagen die Ruinen alter französischer Landhäuser, die in den 1950er-Jahren zerstört worden waren. Ein 50 cm tiefes Beton-Wasserreservoir von 2 x 1 m Grundfläche, das zum Teil von einer mit Moosen und Flechten überwachsenen Wand, zum Teil vom Fels gebildet wurde, lag im Dauerschatten der Kronen niedriger Bäume, die es überragten und selbst tagsüber für Dunkelheit sorgten. Der Boden des Beckens war mit einer hohen Schicht Falllaub bedeckt, über dem Teich hingen Nester des Weißbart-Ruderfroschs (*Polypedates leucomystax*), und Tausende der Larven dieser Art schwammen im Wasser. Hier machten die Forscher dann auch Larven von *T. corticale* aus, und sie stellten fest, dass zwei adulte Paare das Wasserbecken bewohnten. Sie saßen im Wasser, nur ihre Köpfe ragten

Unterseite eines Männchens von *Theloderma corticale* Foto: K. Kunz

Kürzlich umgewandeltes Jungtier von *Theloderma corticale* Foto: K. Kunz

heraus. Bei Störungen tauchten sie rasch ab und versteckten sich in der Falllaubschicht. In einer Ecke hingen Gelege mit 5–6 Eiern, etwa 2–3 cm über der Wasseroberfläche. In einem ähnlichen, allerdings 2 m tiefen, klaren Wasserreservoir von 3 x 5 m, das sich in einem tief gelegenen Raum unter der Erdoberfläche gebildet hatte, befanden sich zwei weitere Pärchen.

Nur ein Jahr später, bei der Rückkehr der Forscher, waren die Ruinen bereits zerstört ...

Weitere erwachsene *T. corticale*, Gelege und Larven wurden in den Folgejahren in kleinen und größeren wassergefüllten Karsthöhlen entlang dem Ufer eines Flusses gefunden, wohl der ursprüngliche Lebensraum der Art, die von rund 800–1.300 m ü. NN nachgewiesen wurde. Auch in Baumhöhlen werden offenbar Eier abgesetzt. Außerdem laichen die Tiere in Regenwasserbassins der ortsansässigen Vietnamesen (S. Ryabov, pers. Mittlg.). In der Regenzeit sind diese Bassins zwar randvoll, sodass die Frösche ihre Eier nicht über der Wasserfläche absetzen können, aber bei sinkendem Wasserstand nutzen sie die Gelegenheit. Nach Ryabovs Beobachtungen bleibt das Männchen offenbar ständig dort, während das bzw. die Weibchen (meist 1–3 pro Wasserbassin) abwandern und anscheinend nur zum Laichen periodisch wiederkehren. Auffällig ist Ryabov zufolge, dass nie in frischem Regenwasser abgelaicht wird, sondern immer nur in bereits bräunlichem Altwasser mit reichlich Falllaub am Grund.

In Menschenobhut erreichen die Tiere ein Höchstalter von mindestens sieben Jahren (Dunce o. J.).

Bedrohung

Die Beurteilung des Bedrohungsstatus dieser Art schwankt zwischen „aufgrund fehlender Daten nicht zu ermitteln“ und „verwundbar“. Fest steht jedoch, dass *T. corticale* nur in einem recht kleinen Verbreitungsgebiet vorkommt und daher Eingriffe in diesen Lebensraum fatale Folgen für die Gesamtpopulation haben. Insbesondere das

Männchen mit angeschwollenen Haftscheiben Foto: K. Kunz

fortgesetzte Abholzen der Bergregenwälder von Tam Dao in Vietnam stellt eine große Bedrohung für die örtliche Population dar. Sergei Ryabov (pers. Mittlg.) zufolge ist die Art in Tam Dao jedoch recht häufig und hier auch als Kulturfolger zu bezeichnen. Die Ausfuhr von Wildfängen für die Terraristik ist natürlich ein gewisser Bedrohungsfaktor, jedoch stammt ein großer Teil der aus Vietnam kommenden *T. corticale* mittlerweile von einem sehr erfolgreichen Nachzuchtprojekt vor Ort, das in Kooperation mit Dr. Thomas Ziegler vom Kölner Zoo betrieben wird. Außerdem vermehren sich die Tiere hervorragend unter Terrarienbedingungen, sodass zu erwarten ist, dass der terraristische Bedarf bald ausschließlich durch Nachzuchten gedeckt werden kann.

Besonderheiten in der Pflege

Theloderma corticale ist sicher die begehrteste und am häufigsten gehaltene Art der Gattung. Dies liegt nicht nur am skurril-faszinierenden Aussehen der Tiere, sondern auch an ihrer beeindruckenden Größe und der Tatsache, dass sie die ersten terraristisch verfügbaren Vertreter ihrer Gattung waren sowie recht leicht in größeren Mengen nachzuzüchten sind. Die Tiere gewöhnen sich recht schnell an das Hantieren des Pflegers im Becken und bleiben dann ruhig sitzen, während sie anfangs bei Störungen rückwärts rasch nach unten klettern und/oder sich ins Wasser gleiten lassen; bei groben Belästigungen springen sie auch schon mal kopfüber in ihr nasses Element.

Für die Haltung eignen sich Aquaterrarien ab einer Größe von ca. 80 x 50 x 40 cm. Auch Dunce (o. J.) zog die Frösche in einem Becken von 75 x 51 x 40 cm nach, in dem sie zwei Paare hielt. Da *T. corticale* sich besonders gerne, auch tagsüber, auf erhöhten Sitzplätzen aufhält, ist ein möglichst hohes Terrarium von Vorteil, um entsprechende Strukturen einbringen zu können und den Tieren das Klettern zu ermöglichen. Die Sitzplätze sollten jedoch der Größe der Frösche entsprechen. Die Tiere sitzen auch oft in den glatten Ecken der oberen Regionen ihrer Terrarien. Diese Frösche benötigen ein geräumiges Wasserbecken, den Landteil kann man mit Kies, Kalkgestein etc. gestalten und hier auch Pflanzen wie etwa *Scindapsus* einsetzen. Am besten sollte das Wasser frei durch den Landteil strömen können, da dies hilft, sowohl ihn als auch das Wasser selbst sauber zu halten (durch die biologische Filterwirkung des Kieses bzw. der porösen Steine und der Pflanzen). Alternativ lässt sich auch der gesamte Boden mit Wasser fluten, ohne dass ein eigentlicher Landteil vorhanden wäre. Als Sitz- und Versteckgelegenheiten bietet man in diesem Fall beispielsweise Korkrindenstücke, Tonblumentöpfe, Kalkgestein und Weinkühler an. Eine Wassertiefe von mindestens 10 cm hat sich für die Haltung und Vermehrung besonders bewährt. Möglicherweise bevorzugen es die Tiere beim Amplexus, beinahe komplett im Wasser zu sein. Manche Halter pflegen die Tiere bei recht hohen Temperaturen von rund 26–30 °C am Tage und Nachtwerten von 22–24 °C, etliche lassen ihnen auch eine Winterruhe bei 13–20 °C (Nacht/Tag) zukommen. Letzteres entspricht sicher den natürlichen Bedingungen (im Habitat der Frösche sinken die Werte im Winter sogar bis auf 4–5 °C), allerdings bleibt festzuhalten, dass die Frösche auch bei nahezu konstanten 25 °C tagein, tagaus bestens gedeihen und ganzjährig für Nachwuchs sorgen. Ob diese konstanten Temperaturen allerdings etwas mit einem merkwürdigen Problem bei der Vermehrung der Art zu tun haben, ist noch nicht bekannt: In den meisten Zuchten aus Russland und Osteuropa beträgt der Anteil der Nachzucht-Männchen bis zu 99 %, Weibchen sind Mangelware – Ähnliches gilt für deutsche Zuchten, etwa unsere eigenen privaten oder die des Aquazoos Düsseldorf. Mittlerweile zeichnet sich dieses „Männchenproblem" auch bei weiteren *Theloderma*-Arten ab, teils in vergleichbarem Ausmaß (*T. gordoni*), teils weniger ausgeprägt (*T. stellatum*). Hier sind weitere Versuche durch engagierte Halter nötig, um herauszufinden, ob und wie man dieses Problem lösen kann.

Lösung des „Männchenproblems"?

Kurz vor Drucklegung dieses Buches machte ich (KK) eine Entdeckung, die Hoffnung gibt. Ich zog Kaulquappen von *T. corticale* bei unterschiedlichen Temperaturen auf, vier davon bei 16 und vier bei 18 °C. Aus der erstgenannten Gruppe resultierten zwei Weibchen, aus der zweitgenannten eines. Obwohl die äußerst geringe Stichprobengröße keine verlässlichen Schlüsse zulässt, so scheint dies doch ein Ansatz zu sein, der weiter verfolgt werden sollte. Die Lösung des Rätsels wäre dann schlicht eine temperaturabhängige Geschlechtsfixierung. Möglicherweise erkennt man den erfolgreichen *Theloderma*-Züchter in Zukunft an einem Kühlschrank für Quappen im Zuchtraum ... Im Aquazoo wird für entsprechende Studien bereits erfolgreich ein Wein-Klimaschrank eingesetzt, der in zwei separaten Temperaturzonen Werte zwischen 5 und 20 °C erlaubt.

Nach unserer Meinung sollten die Tagestemperaturen nicht über 26 °C ansteigen, DUNCE (o. J.) rät von Werten über 28 °C ab und hält ihre Tiere bei Temperaturen von

Jungtier von *Theloderma corticale*, noch mit Schwanzrest Foto: K. Kunz

24–26 °C am Tag und 20–22 °C in der Nacht. Eine leichte Nachtabsenkung ist in jedem Fall wünschenswert. Sergei RYABOV (pers. Mittlg.) weist darauf hin, dass in Tam Dao die Temperaturwerte kurzfristig sehr stark schwanken können – es sei dort mal zwei Wochen sehr warm, mal zwei Wochen recht kühl. Seiner Meinung und Erfahrung nach sollten diese Verhältnisse auch bei der Haltung in Menschenhand nachgeahmt und die Adulti sowie die frisch umgewandelten Jungtiere bei solch schwankenden Temperaturen gepflegt werden – dann steige der Weibchenanteil an.

Die Tiere fressen recht viel und sollten dementsprechend reichlich mit hochwertigem Futter versorgt werden, das bei jeder Fütterung mit einem Vitamin-Mineralstoff-Gemisch eingestäubt wird. Aufgrund der hohen Menge anfallenden Kots sind häufige Reinigungen Pflicht. Hält man die Tiere über einer Wasserfläche, sollte ein leistungsstarker Filter dabei helfen, immer sauberes Wasser zur Verfügung zu stellen.

Beim Ablaichen befestigt das Pärchen ca. 1–5 Eier bis zu 20 cm hoch, meist aber nie-

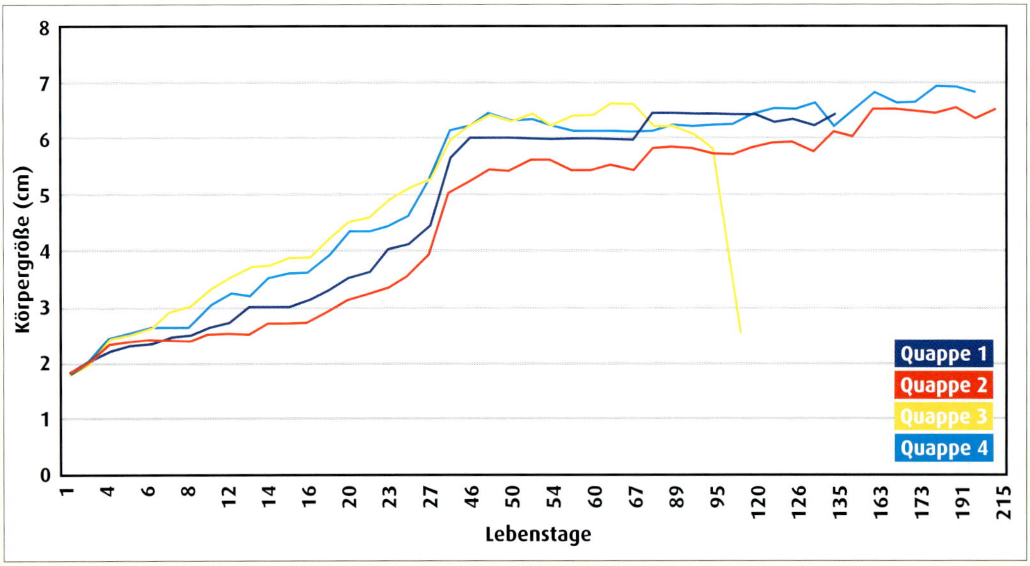

Die Grafik zeigt das Wachstum von *T.-corticale*-Kaulquappen vom Tag des Schlupfes an (Tag 1). Mehr oder weniger regelmäßig wurden die Tiere mittels eines Millimeterpapiers unter ihrer Faunabox gemessen. Ausgerechnet bei diesen Kaulquappen waren solche dabei, die über die normale Entwicklungszeit von rund drei Monaten brauchten, bis sie an Land gehen konnten. Kaulquappe Nr. 3 ging bereits nach 104 Tagen an Land, ihr Körper war beim Landgang 2,6 cm lang. Kaulquappe Nr. 1 verendete nach 135 Tagen (wurde euthanasiert, da sie schwer verletzt war). Kaulquappe Nr. 2 bekam nach 215 Tagen Vorderbeine und ging sieben Tage später an Land, Kaulquappe Nr. 4 bekam nach 197 Tagen Vorderbeine und ging acht Tage danach an Land. Alle vier Tiere wurden einzeln in Faunaboxen mit Luft-Ausströmerstein gehalten, entstammten demselben Gelege und wurden stets gleich gepflegt (Futter, Wasser, Temperaturen etc.). Beim Landgang sind die Tiere meist zwischen 2,4 und 2,7 cm lang.

driger, an aus dem Wasser ragenden und oft an etwas überhängenden Gegenständen, etwa Korkrindenstücken. Danach kehrt es ins Wasser zurück und fährt rund 20–30 Minuten später mit dem Laichen fort. Auf diese Weise kommen Gelege von 10–40 Eiern zustande, meist sind es etwa 15–20, in Ausnahmefällen aber bis zu 57 (TE pers. Beob.) oder im Extremfall gar bis zu 70 (Dunce o. J.). Ablagen können etwa alle 7–30 Tage erfolgen, in Einzelfällen (siehe oben) auch alle zwei Tage, dann aber mit sehr geringen Eizahlen. Eine Befruchtung der Gelege ist durch den sichtbaren Beginn der Emryonalentwicklung erst nach drei Tagen zu erkennen.

Im Aquazoo wird das Zuchtweibchen stets nach etwa sieben Gelegen gegen das zweite ausgetauscht und hinter die Kulissen zu einem einzelnen Männchen gesetzt, damit es sich erholen kann. Im Zuchtterrarium befinden sich somit stets ein Weibchen und zwei Männchen. Als sich jedoch eines der Weibchen verletzte, für einige Wochen in Behandlung einzeln gehalten und nach seiner Genesung wieder in das Zuchtterrarium gesetzt wurde, überschwemmte es dieses in den folgenden Stunden förmlich mit Eiern. Dem anderen Weibchen wurde während der Genesungszeit des verletzten Tieres die normale Ruhephase gegönnt, und es legte wie gewohnt ab: wenige Eier alle zwei Tage, etwa eine Woche lang. Im „Erholungsterrarium“ für die Weibchen kam es trotz ähnlicher Bedingungen nie zu einer Eiablage.

Dies mag am niedrigeren (deutlich unter 10 cm) Wasserstand liegen. Auch ist nicht auszuschließen, dass sich die beiden Männchen im Zuchtterrarium gegenseitig stimulieren, obwohl bei anderen Haltern (z. B. KK) auch Paar-Konstellationen regelmäßig für Nachwuchs sorgen. Je nach Zeitigungstemperaturen durchbrechen die etwa 1,5 cm langen Larven nach 10–15 Tagen ihre Eihülle und fallen ins Wasser. Obwohl in der Literatur beschrieben wird, die Kaulquappen hingen den ersten Tag bewegungslos von der Wasseroberfläche, verbringen unsere eigenen Nachzuchten den ersten Tag meist in Seitenlage auf dem Boden, bevor sie anfangen, frei zu schwimmen. Dann beginnt man, leicht zu füttern – offenbar fressen zumindest manche Larven erst nach Tagen vom angebotenen Futter. Die Kaulquappen verstecken sich gerne unter auf dem Boden liegendem Laub, etwa unter einem großen Blatt des Seemandelbaums, oder unter Schwimmpflanzen. Je nach Besatzdichte, Fütterung, Temperatur etc. wandeln sich die ersten der mit einer Körpergröße von bis zu 8 cm sehr beeindruckenden Kaulquappen nach rund 2,5–3 Monaten um (bei DUNCE [o. J.] reichte die Spanne von 72–200 Tagen). Einige Tage vor dem Ausbilden der Vorderbeine findet eine interessante Veränderung auf dem Körper der Kaulquappe statt: Der zunächst schwarze Leib färbt sich mit helleren, grünlich gelblichen Nuancen um, und die Hinterbeine zeigen ein grünschwarzes Streifenmuster. Gleichzeitig bekommt die vormals glatte Rückenhaut das typische raue, bewarzte Aussehen adulter Moosfrösche. Frisch umgewandelte Jungtiere, die oft noch mit Schwanzstummel, aber sonst als perfekte Miniaturimitate ihrer Eltern das Wasser verlassen, messen bereits deutlich über 2 cm, DUNCE (o. J.) zufolge sogar 3–4 cm. Sie lassen sich in relativ hoher Dichte aufziehen, offenbar ohne dass darunter ihre Entwicklung leiden würde. Um hygienische Verhältnisse zu bewahren, empfiehlt sich die Haltung in einem schräg gestellten Becken, das nur so viel Wasser enthält, dass ein Stück Bodenfläche nicht davon bedeckt wird, am anderen Ende des Beckens aber rund 5 cm Wasserstand vorhanden sind. Die Futtertiere setzt man abends auf die trockene Seite, wo sie von den Fröschen erbeutet werden. Regelmäßige Wasserwechsel und das gelegentliche Schrubben der Aufzuchtbecken sind Pflicht. Bei guter Fütterung wachsen die Jungen rasch heran – mit einem halben Jahr erreichen sie bereits 5–7 cm Körperlänge. Die ersten Nachzucht-Männchen riefen bei uns bereits im Alter von knapp 2,5 Monaten. Die Weibchen laichen jedoch erst mit einem Alter von rund einem Jahr.

Die Tiere sind nicht kannibalisch veranlagt (DUNCE (o. J.); I. MOKOBODZKI pers. Mittlg.; eig. Beob. KK und SH), man kann also Exemplare verschiedenster Größenklassen gemeinsam halten. Dies – zusammen mit der Möglichkeit, einige Kaulquappen direkt im Wasserbecken der Elterntiere aufzuziehen – steigert den ohnehin bereits extrem hohen Schauwert der Vietnamesischen Moosfrösche gerade für zoologische Gärten oder Schulterrarien.

Wussten Sie schon?

Zu *Theloderma corticale* besteht ein Erhaltungszuchtprogramm, das von Sandra Honigs im Aquazoo - Löbbecke Museum Düsseldorf koordiniert wird. Die Beteiligung privater Halter wie professioneller Institutionen ist sehr erwünscht. Kontakt über Sandra.Honigs@duesseldorf.de oder kritonkunz@web.de.

Fantastisches Schautier:
Theloderma corticale
Foto: K. Kunz

Theloderma gordoni Taylor, 1962, Weißscheiben-Rindenfrosch

Verbreitung von *T. gordoni* nach iucnredlist.org

Verbreitung

Diese Art ist aus dem Norden Thailands sowie dem Norden und dem Zentrum Vietnams nachgewiesen, möglicherweise jedoch weiter verbreitet, vor allem in den Gegenden zwischen den bekannten Fundpunkten. Die Höhenverbreitung reicht von 700–1.300 m ü. NN.

Aussehen

Die etwa 5–5,5 cm messenden Tiere sind in verschiedenen Brauntönen gefärbt, mit Ausnahme von Bauch und Unterseite der Gliedmaßen, die grau erscheinen und gelbbraun gefleckt sind. Manche Exemplare zeigen zwei orange Flecken auf dem hinteren Teil des Kopfes. Die gesamte Körperoberfläche ist mit spindelartigen Warzen sehr verschiedener Größe bedeckt, was die Art auf entsprechend strukturierter Baumrinde in Lebensraum und Terrarium hervorragend tarnt. Die größten Warzen können fusionieren und dadurch regelrechte Ringe bilden, insbesondere in der Region des Trommelfells. Große Warzen auf dem Rücken sind meist gelblich orangefarben. Äußere Geschlechtsunterschiede sind minimal – adulte Weibchen sind etwas robuster gebaut, Männchen besitzen nur schwach entwickelte Brunftschwielen. Da es jedoch individuelle Unterschiede gibt, ist eine sichere Geschlechtszuordnung anhand

Theloderma gordoni **fällt besonders durch die orange gefärbten Warzen auf** Foto: K. Kunz

dieser Merkmale nur schwer möglich. Die Finger weisen keine Schwimmhäute auf, die Zehen sind bis zu etwas weniger als zwei Dritteln ihrer Länge mit einer Schwimmhaut verbunden. Die Haftscheiben sind weißlich. Die Rumpfunterseite ist schwarz-weiß gefleckt. Die Iris ist gräulich und von schwarzen Linien durchzogen.

Sergei Ryabov (pers. Mittlg.) zufolge existieren im Norden und Zentrum Vietnams zwei Varianten (Unterarten?), die sich in Färbung, Größe und Körperbau leicht, aber dennoch konstant unterscheiden.

Pärchen von *Theloderma gordoni* im Amplexus Foto: I. Arinin

Lebensweise

Die Frösche bewohnen offenbar paarweise oder in kleinen Gruppen (ein Männchen, zwei oder mehrere Weibchen) wassergefüllte Baumhöhlungen sowie kleine Karsthöhlen in Berg-Regenwäldern, besonders in Monsun-Regionen. Genutzte Baumhöhlen können 7–8 m über dem Boden liegen. Im Norden Vietnams vermehren sich die Tiere von April bis Juni. Dann sind die Rufe der Männchen zu hören. Die Gelege umfassen in der Natur etwa 8–10 Eier und werden im stark organisch belasteten (durch sich zersetzende Blätter, Holzstückchen etc.) Wasser der erwähnten Höhlungen abgesetzt. In seltenen Fällen fand man Eier auch in Ritzen alter Bewässerungsrohre und in einem kleinen Beton-Becken – hier lebten 200 Kaulquappen verschiedener Stadien gemeinsam. Die Art kommt teils zusammen mit weiteren *Theloderma*-Vertretern vor. So fanden Orlov et al. (2006) in der Provinz Kon Tum, Vietnam, *T. gordoni* in hohlen Bäumen – nur 50 m davon entfernt entdeckten sie auf ein und demselben Baum in einer halb mit Wasser gefüllten Höhlung drei adulte (wohl ein Männchen, zwei Weibchen) Exemplare von *T. ryabovi* samt Kaulquappen sowie auch *T. stellatum*.

Gelege von *Theloderma gordoni* mit Kaulquappen in einem frühen Entwicklungsstadium Foto: I. Arinin

Wald in der Provinz Kon Tum, Lebensraum von *T. gordoni*, *T. ryabovi* und *T. stellatum* Foto: C.T. Ho

Bedrohung

Theloderma gordoni wird von der IUCN zwar in der geringsten Bedrohungskategorie

Unterseite von *Theloderma gordoni* Foto: K. Kunz

geführt, jedoch machen der Art Abholzung und andere Eingriffe ins Habitat (in nicht geschützten, aber auch zu einem gewissen Grad in geschützten Gebieten) zu schaffen. Eine Neubewertung ist dringend nötig, zumal die Art nur extrem selten gefunden wird und es in Wildbeständen Anzeichen für Chytridbefall gibt, die verheerende Pilzerkrankung der Amphibien. Seit der Erstbeschreibung der Art im Jahr 1962 anhand eines einzigen Exemplars galt *T. gordoni* bis 1995 sogar als verschollen.

Besonderheiten in der Pflege

Arinin (2009) zufolge fühlen sich die Tiere in hartem Wasser (28 °dH) mit einem pH-Wert um 5,5 am wohlsten. Solche Wasserwerte lassen sich mit in der Aquaristik erhältlichen Zusätzen leicht erreichen und über einschlägige Tests kontrollieren. Die Härte lässt sich auch erhöhen, indem man Kalksteine ins Wasser legt. Als Mindestgröße des Terrariums gibt Arinin 40 x 40 x 40 cm an, Ilze Dunce (schriftl. Mittlg.) hält ihre Tiere in Becken von 55 x 25 x 25 cm. Darin ist ein Drittel als Landteil aus Kalksteinen und Kies angelegt. Das 5 cm hoch eingefüllte, nicht gefilterte Wasser durchströmt alles frei – die Terrarien sind leicht schräg aufgestellt, sodass beim Durchspülen des Landteils das Schmutzwasser abfließen und dann abgesaugt werden kann. Blumentöpfe und Äste dienen als Verstecke. Dunce wechselt das Wasser drei Mal pro Woche, da seltenere Wasserwechsel Todesfälle unter den Fröschen zur Folge hatten. E. Ryboltovsky dagegen wechselt das Wasser überhaupt nicht, sondern füllt nur verdunstetes nach (I. Dunce, schriftl. Mittlg.).

Bei Arinin (2009) erfolgte die Einrichtung mit Wasser (3–5 cm tief) als „Bodengrund“ sowie Korkstücken als Versteck- und Eiablageplätzen.

Für diesen Bewohner von Bergregenwäldern genügen laut Arinin (2009) Temperaturen von tagsüber 20–23 °C, die nachts auf 18–19 °C fallen sollten, I. Dunce (schriftl. Mittlg.) dagegen bietet den Tieren 24–26 °C Tages- und 20–22 °C Nachttemperaturen bei ganzjährig rund 70–80 % Luftfeuchte.

Die Gelege werden oft über mehrere Tage hinweg in Portionen zu 2–5 Eiern an Ästen, Korkstücken und Blumentöpfen angeheftet und können nach Arinin (2009) bis zu 26 Eier umfassen, was dann aber mit einer hohen Rate nicht befruchteter Eier einhergehe. Ilze Dunce (schriftl. Mittlg.) konnte sogar einmal 57 Eier in einem Gelege feststellen. Bei ihr laichten die Tiere lediglich von Ende März bis Anfang Oktober. Ein Weibchen setzte in nur einem Monat vier Gelege ab, normalerweise sind es 1–2.

Arinin (2009) zufolge schlüpfen die Kaulquappen nach etwas weniger als zwei Wochen mit einer Größe von rund 14 mm.

Theloderma gordoni
Foto:K. Kunz

Die Aufzucht kann bei mehr oder weniger konstanten 25 °C oder aber bei 28–30 °C am Tag und 22–23 °C in der Nacht erfolgen. Mit rund drei Monaten wandeln sich die ersten Tiere um und sind dann 1,5–2,2 cm lang, Nachzügler können dafür bis zu einem halben Jahr brauchen. Auffällig ist, dass selbst Larven eines Geleges immer nacheinander das Wasser verlassen – sobald ein Tier an Land gegangen ist, bildet das nächste Vorderbeine aus und folgt ihm nach, dann das nächste usw. Die Jungen sind stärker ans Land gebunden als etwa *T. corticale*. Männchen können bereits mit weniger als einem halben Jahr und nur 3,5 cm Länge zu rufen beginnen, mit einem Jahr sind sie praktisch ausgewachsen.

Bei Dunce (schriftl. Mittlg.) resultierten aus der Zeitigung der Eier im Terrarium nur wenige Kaulquappen, weshalb sie die Gelege im Folgejahr in Petrischalen überführte und dort bei flachem Wasserstand mit etwas Methylenblau zeitigte. Bis zu 18 Quappen überführte sie anschließend in 5-l-Boxen, alle erreichten die Metamorphose. Dunce zufolge sind die ersten Tage kritisch für das Überleben der Larven, die leicht von *Saprolegnia* befallen werden können. Obwohl also die Wasserqualität wichtig ist, scheinen die Quappen andererseits zu häufige Wasserwechsel nicht zu vertragen. Daher verfütterte Dunce anfangs keine Fischfutterflocken, filterte das Wasser schwach und gab hin und wieder etwas Methylenblau hinein – *Sphagnum*-Zugaben nützten nichts. Ein- oder zweimal pro Woche wechselte Dunce vier Fünftel des Wassers. Sie hielt die Temperaturen bei 22–24,5 °C, doch sanken die Werte nachts manchmal bis auf 18 °C ab, offenbar ohne dass die Tiere davon Schaden genommen hätten. Als Futter bot sie Fischfutterflocken (Sera Vipan), gekochte Spinatblätter, gekochten Broccoli, gehackte *Chironomus*-Larven, Weißwürmer und Schnecken mit Schale an. Bei ausschließlicher Fütterung mit Flocken und Weißwümern war die Überlebensrate eventuell etwas geringer. Unter

Schon bei leichter Berührung fällt *Theloderma gordoni* in Schreckstarre, wie diese drei Männchen eindrucksvoll demonstrieren
Foto:K. Kunz

den geschilderten Bedingungen wandelten sich die ersten Tiere nach 65–70 Tagen um, doch gingen die letzten erst 51 Tage später an Land. Dunce konnte als Ursache für diese zeitliche Differenz weder einen Zusammenhang mit der Temperatur noch einen mit der Zahl der Larven pro Liter Wasser erkennen.

Theloderma horridum (Boulenger, 1903), Stacheliger Rindenfrosch

Verbreitung von *T. horridum* nach iucnredlist.org

Lebensraum von *T. horridum* Foto: W. Grossmann

Verbreitung

Nachweise von *T. horridum* existieren aus dem Süden Thailands, von der Malaysischen Halbinsel und Tioman, Singapur, Borneo, Sumatra, Indonesien sowie der Mentawai-Insel Siberut. Möglicherweise ist die Art weiter verbreitet als bislang bekannt. Sehr wahrscheinlich sind insbesondere Vorkommen zwischen den bereits dokumentierten Fundorten.

Aussehen

Dieser mittelgroße Moosfrosch erreicht nach Literaturangaben ca. 4,9 cm Länge, S. Ryabov (schriftl. Mittlg.) zufolge jedoch eher 4–4,3 cm. In seinem Äußeren ähnelt er dem weiter unten beschriebenen *T. leporosum*, ist aber weniger robust gebaut, auch ist seine Schnauze spitzer, zumindest von oben betrachtet. Die Oberseite ist komplett mit teils weißlichen Warzen verschiedener Größe bedeckt, von denen einige stachelig erscheinen. Die Grundfarbe sind warme Brauntöne. Auf der Rückenmitte findet sich oft ein dunklerer Bereich. Die Augen sind gelblich und von schwarzen Linien durchzogen. Die Körperunterseite ist schwarz, mit weißen Flecken. Die Finger sind etwa bis zur Hälfte ihrer Länge oder sogar bis zu den Haftscheiben (unterschiedliche Literaturangaben) durch Schwimmhäute verbunden. Die Haftscheiben sind orangerot gefärbt. Das Männchen besitzt eine Schallblase. Wie gut die Art im Habitat getarnt ist, zeigt sich u. a. darin, dass sie erst im Jahr 2000 im faunistisch doch sehr intensiv studierten Singapur nachgewiesen wurde.

Eine detaillierte Beschreibung der Larven findet sich bei Boulenger (1903).

Lebensweise

Bei *T. horridum* handelt es sich um einen Bewohner von Tieflandregenwäldern, der auf alte Primärwälder mit Beständen von

***Theloderma horridum* von oben betrachtet** Foto: K. Kunz

Porträt von *Theloderma horridum* Foto: K. Kunz

Dipterocarpaceae (Flügelfruchtgewächse) spezialisiert zu sein scheint und Höhenstufen von etwa 100–800 m ü. NN besiedelt. Ihre Eier platzieren die Weibchen in wassergefüllten Baumhöhlungen oberhalb des Wasserspiegels. Als Ruf werden nach MANTHEY & GROSSMANN (1997) in Intervallen einzelne, tief grunzende oder quakende Laute geäußert. Dieselben Autoren sprechen auch davon, dass die Tiere 30–40 cm über wassergefüllten Höhlungen zwischen Brettwurzeln Schaumnester befestigten – das ist sicher ein Missverständnis, denn Schaumnester kommen bei Thelodermen nach bisherigem Kenntnisstand nicht vor. Vermutlich geht dieser Irrtum auf einen Beobachtungs- oder Formulierungsfehler von BOULENGER (1903) zurück.

Bedrohung

Im gesamten Verbreitungsgebiet der Art werden die Regenwälder gerodet, um Holz und landwirtschaftliche Nutzfläche zu gewinnen. Zwei Vorkommen auf der südostasiatischen Landmasse liegen in Schutzgebieten (Bukit Timah, Singapur; Templer's Park, Malaysia), doch nur eines davon ist noch in nahezu ursprünglichem Zustand. Darum muss die Unberührtheit von Templer's Park unbedingt gewahrt werden. Die Population auf Borneo lebt in der Danum Conservation Area.

Zwar ist die Art momentan als „nicht gefährdet" eingestuft, doch die Bestände nehmen ab, und die Zerstörung der Primärregenwälder wird sicherlich einen verheerenden Einfluss auf den Stacheligen Rindenfrosch nehmen.

Gelege von *Theloderma horridum* Foto: K. Kunz

Besonderheiten in der Pflege

Die Erstnachzucht dieser Art gelang 2008 im Exotarium Tula (EVSYUNIN 2009). Dort war ein Pärchen in einem Kunststoff-Aquaterrarium von 30 x 30 x 40 cm untergebracht. Der Boden war komplett 4–6 cm hoch mit Wasser bedeckt, das durch als Sitzplätze eingebrachte Korkeichenstücke sowie ins Wasser gegebenes Eichenlaub aufbereitet wurde. Die Wassertemperatur betrug 21–23 °C, die der Luft 20–21 °C

Unterseite von *Theloderma horridum* Foto: K. Kunz

Aus den bis zu acht Eier umfassenden Gelegen, die dichter als bei *T. stellatum* und nur in einer einzigen Schicht gepackt sind, schlüpften die Kaulquappen nach 15 Tagen mit einer Größe von 9–10 mm. Nach dem Freischwimmen ab dem zweiten Tag wurden sie mit Zierfischfutter sowie überbrühten Brennnesselblättern ernährt. Durch Zusatz von Eichenlaub konnten Mykosen verhindert werden, für die die Larven ansonsten etwas anfällig waren. Die Entwicklung dauerte recht lange, die Metamorphose wurde erst nach frühestens 154 Tagen abgeschlossen. Sowohl die Kaulquappen als auch die Frösche selbst sind extrem scheu (EVSYUNIN 2009; KK pers. Beob.).

Ich (KK) besaß zwei Jahre lang lediglich einen, jedoch völlig problemlosen Wildfang. Dann konnte ich endlich ein weiteres Exemplar erwerben, ebenfalls ohne dass mir sein Geschlecht bekannt gewesen wäre. Ich vergesellschaftete es ohne vorausgegangene Quarantäre direkt mit dem Artgenossen – mit dem Resultat, dass am nächsten Morgen ein frisches Gelege an der Seitenscheibe des Kunststoff-Terrariums klebte. Es bestand aus acht Eiern, zwei davon erwiesen sich später als unbefruchtet. Sie alle waren zusammenhängend in einer Art einschichtiger Traube abgesetzt worden. Fünf Tage später wurde das zweite Gelege abgesetzt, diesmal an der Außenseite einer Korkröhre. Es umfasste vier befruchtete Eier. Weitere Eiablagen folgten regelmäßig, wie es für *Theloderma* typisch ist.

Theloderma kwangsiense (Liu & Hu, 1962), Guangxi-Moosfrosch

Verbreitung von *T. kwangsiense* nach iucnredlist.org

Verbreitung

Bis jetzt ist diese Art nur von Yaoshan (=Dayao Shan) im Osten der chinesischen Provinz Guangxi bekannt.

Aussehen

Der Guangxi-Moosfrosch ähnelt *T. bicolor* und vor allem *T. corticale*. Das adulte Männchen, anhand dessen die Art beschrieben wurde, war 61,3 mm lang. Es ist oberseits von Warzen bedeckt, die teils linienartig angeordnet sind. Die Oberseite war im Leben grün gefärbt, Kopf und Extremitäten waren teils rötlich gepunktet. Beine, Füße und Hände waren orange gestreift. Flanken und Bauch weisen ein Muster aus dunkleren Zeichnungselementen auf. Nur zwischen den beiden äußeren Fingern ist Schwimmhaut vorhanden, die Zehen dagegen weisen stark ausgebildete Schwimmhäute auf, besonders zwischen den inneren Zehen. Der erste Saugnapf der Finger ist sehr klein, die Daumenschwiele cremeweiß. Die Saugnäpfe selbst waren hellgrün gefärbt.

Lebensweise

Bei *T. kwangsiense* handelt es sich nach den bisherigen spärlichen Erkenntnissen um einen Bewohner subtropischer Wälder auf rund 1.350 m ü. NN. Die wenigen dokumentierten Exemplare stammten offenbar allesamt aus Wasserreservoirs in von Anwohnern ausgehöhlten Stämmen.

Bedrohung

Da die Art bislang nur extrem kleinräumig nachgewiesen werden konnte, hängt ihr Überleben eventuell vom Schutz dieses winzigen Lebensraumes ab. Das Vorkommen liegt im Yaoshan-(Dayaoshan-)Naturschutzgebiet. Die Situation der Art ist jedoch unklar, es mangelt an belastbaren Daten für eine Einschätzung ihrer Bedrohung.

Besonderheiten in der Pflege

Zur Haltung von *T. kwangsiense* ist uns leider nichts bekannt.

Holotyp von *Theloderma kwangsiense*
Foto: H. Zhao

Theloderma lateriticum Bain, Nguyen & Doan, 2009, Ziegelroter Flechtenfrosch

Verbreitung von *T. lateriticum* nach Bain et al. (2009)

Holotyp von *Theloderma lateriticum* Foto: R. Bain

Verbreitung

Das bislang einzige bekannte Exemplar wurde in Nam Tha gefunden (Vietnam, Provinz Lao Cai, Distrikt Van Ban). Aufgrund des Vorkommens hier im extremen Nordwesten Vietnams ist nicht auszuschließen, dass die Art auch im benachbarten Südosten von Yunnan in China sowie im Nordosten von Laos vorkommt.

***Theloderma lateriticum* ist die derzeit jüngste beschriebene Art der Gattung** Foto: R. Bain

Aussehen

Beim Holotyp handelt es sich um ein adultes Männchen von 23,5 mm Länge, schmal gebaut und mit spitz zulaufendem Kopf. An den Vorderfüßen fehlen Schwimmhäute vollständig, an den Hinterfüßen sind sie sehr stark reduziert. Die Rückenhaut ist gekörnt, mit verhornten Spitzen auf kleinen, isolierten Erhebungen. Die Kehle ist glatt, doch wird die Haut in Richtung Bauch grob gekörnt. Die Oberseite von Kopf und Rücken inklusive dem oberen Teil der Flanken sowie die Iris sind ziegelrot, abgesehen von einem schwarzen Fleck in Rückenmitte. Jedoch liegt dieses Rot gleichsam verwaschen über einem dunklen, schwarzgrünen Kolorit, ist im oberen Flankenteil von schwarzen Flecken durchsetzt, von denen einer mit dem Trommelfell in Verbindung steht, und weicht in der Beckengegend dem schwarzgrünen Grundton. Die untere Flankenhälfte zeigt weiße Flecken zwischen reihenartigen schwarzen. Die Unterseite ist graubraun mit weißen Flecken, die an Brust und Bauch am dichtesten stehen. Die Lippen zeigen kleine, weiße Flecken. Das Trommelfell ist schwarz, mit weißen Flecken in der Mitte. Die Gliedmaßen sind oberseits rotbräunlich/schwärzlich gebändert und zeigen weiße Wärzchen. Brunftschwielen sind am ersten Finger festzustellen. Der Holotyp besitzt keine Schallblase.

Lebensweise

Der Holotyp wurde auf 1.300–1.400 m Höhe in den Hoang-Lien-Bergen entdeckt, und zwar in der wassergefüllten Kammer eines Bambusrohrs. Der Lebensraum hier bestand aus gestörtem, halb immergrünem Submontanwald. Er befand sich nahe einer Kardamom-Farm innerhalb eines Bambuswaldes, der von kleinen Bächen und Rinnsalen durchzogen war. Die Temperatur lag bei 31 °C, nachts ging sie auf 19 °C zurück. In Bambusrohren im selben Gebiet konnten auch adulte Exemplare von *T. asperum* sowie Gelege dieser Art nachgewiesen werden.

Bedrohung

Keine spezifischen Daten bekannt

Besonderheiten in der Pflege

Die Art wurde unseres Wissens bislang noch nie in Menschenhand gepflegt, weshalb man sich, sollten Exemplare einmal importiert werden, bei ihrer Haltung an den Bedingungen im Lebensraum orientieren müsste.

Theloderma leporosum Tschudi, 1838, Warzenhäutiger Rindenfrosch

Verbreitung von *T. leporosum* nach iucnredlist.org

Verbreitung

Theloderma leporosum besiedelt die Borneo, Sumatra, die Malaysische Halbinsel und Singapur.

Aussehen

Bei dieser Art handelt es sich um einen sehr großen Gattungsvertreter, der über 7,5 cm Körperlänge erreichen kann. Die Oberseite von Kopf, Körper und Gliedmaßen ist mit unterschiedlich großen Warzen bedeckt. Die Grundfarbe der Oberseite sind verschiedene Brauntöne. Einige goldgelbe Tuberkelgruppen hinter den Trommelfellen sowie zu beiden Seiten des Rückens und an den Schenkeln machen die Art unverwechselbar. Die Unterseite von Vorder- und Hinterfüßen sowie die Schwimmhäute sind teils rötlich bis rosa gefärbt. Die weiße bis bläulich weiße Körperunterseite ist gänzlich von lackschwarzen Wellenzeichnungen überzogen, diese Färbung erstreckt sich bis auf die Flanken. Bei Jungtieren sind die Augen rötlich braun, bei adulten Exempla-

Liebenswerter Terrarienpflegling: *Theloderma leporosum* Fotos: K. Kunz

***Theloderma leporosum* ist einer der größten Vertreter seiner Gattung** Fotos: K. Kunz

ren bräunlich bis gräulich. Die Finger zeigen keine Schwimmhäute. Die Haftscheiben sind oberseits orange gefärbt.

Lebensweise

Die Art bewohnt anscheinend die mittelhohe bis hohe Kronenschicht des Regenwalds, wird aber auch manchmal an Felsen entlang von Wasserläufen gefunden (H. KAM, schriftl. Mittlg.). Sie lebt offenbar bevorzugt tief in ungestörtem Bergregenwald, meist zwischen 600 und 800 m ü. NN.

Unterseite von *Theloderma leporosum* Fotos: K. Kunz

Bedrohung

Theloderma leporosum wird derzeit zwar als „nicht gefährdet" geführt, doch ist der tatsächliche Status der selten gefundenen Art unklar. Mit Sicherheit macht auch ihr die in Malaysia rasch voranschreitende Zerstörung der Regenwälder zu schaffen, und entsprechend gibt die IUCN den Populationsstatus als „abnehmend" an.

Besonderheiten in der Pflege

Obwohl die Tiere aus einer recht kühlen Zone stammen, lieben sie es offenbar, sich manchmal am wärmsten Punkt des Terrariums aufzuhalten. Dementsprechend kann die Wassertemperatur rund 20–24 °C betragen, die Werte in der Luft sollten jedoch tagsüber zwischen 22 und an einer Stelle bis zu 28 °C schwanken, beispielsweise unter der Beleuchtung. Die Tiere halten sich meist im Wasser oder an Korkstücken, Xaxim-Platten usw. auf. Nachts bewegen sie sich viel. Es sind äußerst liebenswerte und aufmerksame Pfleglinge, die sich rasch daran gewöhnen, die abendliche Fütterung bereits auf dem Rand der Futterschale sitzend zu erwarten – unter allen Thelodermen sind sie meine (KK) persönlichen Favoriten. Der Ruf ist sehr leise und erinnert an ein Miauen oder eine quietschende Tür. Auch ein kurzes „Quak" ist manchmal zu hören. Im Gegensatz zu anderen Gattungsvertretern wie *T. bicolor*, *T. corticale* oder *T. stellatum*, die sich im Amplexus kaum stören und selbst auf die Hand nehmen lassen, ist hier *T. leporosum* wesentlich scheuer. Schon bei kleinsten Belästigungen wird der Amplexus oft gelöst.

Das erste Gelege, das bei mir (KK) im Jahr 2009 abgesetzt wurde, umfasste 13 Eier, trieb jedoch komplett im Wasser und entwickelte sich in der Folge nicht. Nur eine Nacht später wurde nach einer Erhöhung des Wasserstands von 5 auf 10 cm ein weiteres Gelege an einem senkrecht stehenden Stück Kork angeheftet, und zwar ca. 20 cm über der Wasserfläche. Es bestand aus zehn Eiern, ein weiteres war im Wasser gelandet. In der Folge laichte dieses einzige Pärchen in meinem Besitz in schöner Regelmäßigkeit weiter, doch niemals entwickelte sich auch nur eine einzige Kaulquappe, obwohl ich das Terrarium mehrfach umgestaltete, die Temperaturen veränderte usw. Schließlich konnte ich im Dezember 2009 ein weiteres adultes Exemplar erwerben. Nach der Quarantäne setzte ich die drei Tiere gemeinsam in ein neu eingerichtetes Becken nach dem oben beschriebenen Muster (IKEA-Box, Wasser, Seemandelbaumblatt, Korkplatten, Futterschale). Die Hoffnung war groß, nun sich entwickelnde Gelege zu erhalten, doch ebenso groß war die Enttäuschung: Auch die nun abgesetzten Eier zeigten keinerlei Entwicklung. Umso größer dann die Freude im Januar 2010, als ich bei einer Kontrolle frei schwimmende Kaulquappen entdeckte. Die Larven waren aus einem Gelege geschlüpft, das an einer für mich nicht einsehbaren Stelle angebracht war. Wie auch die Kaulquappen von *T. horridum* leben sie recht

Typisch für *Theloderma leporosum* scheint zu sein, dass die Eier eines Geleges weiter verstreut angeheftet werden Foto: K. Kunz

versteckt und sind ziemlich scheu. Seither laichen die Tiere regelmäßig alle paar Wochen ab, ihre Gelege umfassen meist 12–25 Eier, aus denen nach rund 12–14 Tagen die Kaulquappen schlüpfen. Sie wachsen bis auf 6 cm heran, benötigen bis zur Umwandlung aber sehr lange – die ersten Jungen gingen nach rund 5–6 Monaten an Land. Sie maßen zu diesem Zeitpunkt etwa 2,5 cm.

Die Daten zu Haltung und Nachzucht dieser Art in Tula sind ähnlich (Evsyunin et al. in Vorb.), jedoch wurden die Tiere dort in einem Becken von nur 30 x 30 x 40 cm zur Vermehrung gebracht, bei einem Wasserstand von 6–7 cm, Tagestemperaturen von 22–23 °C und Nachtwerten von 19–20 °C.

Jungtier von *Theloderma leporosum* Foto: K. Kunz

Theloderma licin McLeod & Ahmad, 2007, Glatter Flechtenfrosch

Verbreitung von *T. licin* nach iucnredlist.org

Verbreitung

Diese Art ist von der Malaysischen Halbinsel und dem Süden Thailands bekannt. Möglicherweise besiedelt sie die gesamte Malaysische Halbinsel sowie Thailand bis zum Isthmus von Kra.

Aussehen

Diese kleinen Frösche erreichen 27–30 mm im männlichen und 28–31 mm im weiblichen Geschlecht. Bei *T. licin* handelt es sich um die einzige derzeit bekannte *Theloderma*-Art mit glatter Haut – sie macht ihrem wissenschaftlichen Gattungsnamen also keine Ehre ... Das Artepitheton dagegen weist auf diesen für die Gattung außergewöhnlichen Umstand hin, denn „licin" (sprich: „lieh-tschin") ist das malaysische Wort für „glatt". Die Körperoberseite sowie die Flanken sind nur mit sehr feinen, perlenartig endenden Tuberkeln besetzt. Lediglich an den Flanken, über der Kloake und auf der Oberseite der Gliedmaßen finden sich größere Tuberkel. Die Färbung der Tiere reicht oberseits von fast Weiß bis zu einem bleichen Weißbraun, abgesehen von dunkelbraunen Flecken in der Achsel- und Leistengegend. Auch Beine und Füße sind braun gestreift. Dunkelbraun ist ebenfalls die seitliche Region der Schnauze bis zur Falte hinter dem Trommelfell. Unterseits sind Körper und Gliedmaßen weiß, mit einer braunen Netzzeichnung. Die Kehle ist braun, jedoch weiß gefleckt. Die Iris ist wie bei der morphologisch ähnlichen und genetisch nahe verwandten Art *T. asperum* rot. Bei gestressten Tieren werden die

Theloderma licin **ist ein hervorragender Springer, den man bei Arbeiten im Terrarium während seiner Aktivitätsphase nicht aus den Augen lassen sollte**
Foto: T. Ziegler

Die Ähnlichkeit von *Theloderma licin* zu *T. asperum* ist unverkennbar Foto: K. Kunz

***Theloderma licin* mit sehr heller Oberseite – die Tiere vermögen ihre Färbung recht schnell zu wechseln** Foto: D. McLeod

zuvor weißlichen bis weißlich braunen Färbungsanteile hellbraun.

Die Finger sind nur basal durch Schwimmhäute verbunden, die Zehen vollständig. Die Brunftschwielen sitzen bei Männchen am 2. Finger, und die Männchen besitzen eine Schallblase.

Lebensweise

Bei *T. licin* handelt es sich offenbar um eine Tieflandart, die auch als Kulturfolger in Erscheinung tritt – so wurde sie in Gärten eines Ressorts in Taman Negara häufig gefunden. Den Hauptlebensraum stellen wohl immergrüne Tieflandregenwälder dar. Hier wurden Exemplare beispielsweise auf der Asiatischen Hakenlilie (*Crinum asiaticum*) oder auf einem 15 cm breiten Farnwedel an einem steilen Felsabhang an einer Straße in einem Rodungsgebiet gesammelt. Ein weiteres Exemplar saß 40 cm über dem Boden in der Vegetation eines Pfads in sekundärem Regenwald, eines wurde an einem temporären Waldtümpel nachgewiesen, und ein Individuum fand man sogar in einem Badezimmer bei Sungai Lasor. Die weißliche Rückenfärbung dient wahrscheinlich der Tarnung in einem Lebensraum, in dem derart getönte Flechten sehr häufig sind. Über die Fortpflanzungsweise ist nichts bekannt, doch dürfte sie gattungsüblich durch das Anheften von Eiern über Wasser in Baumhöhlungen stattfinden.

Bedrohung

Zwar ist auch für diese Art die Abholzung der Regenwälder ein Bedrohungsfaktor, doch scheint sie sich gut an vom Menschen umgewandelte Habitate anpassen zu können – möglicherweise

Unterseite von *Theloderma licin* Foto: K. Kunz

***Theloderma licin* kann je nach Stimmung und Sitzplatz (im Wasser oder an Land) wie hier bräunlich oder aber weißlich gefärbt sein** Foto: K. Kunz

garantiert diese Fähigkeit ihr Überleben. Außerdem kommt sie in verschiedenen Schutzgebieten vor, nämlich in den Nationalparks Taman Negara und Khao Lu-ang sowie in den Waldschutzgebieten Lakum, Ulu Muda, Ampang, Raja Muda und Kenaboi. Alles in allem ist die Art momentan als „nicht gefährdet" eingestuft, ihr Populationstrend wird als „stabil" eingeschätzt.

Besonderheiten in der Pflege

Die Haltung dieser Art erfolgt weitestgehend wie die von *T. asperum*. Kürzlich gelangen Corey Wickliffe (schriftl. Mittlg.) in den USA erste Nachzuchterfolge. Mein Männchen ruft recht laut, mit einem hohen, etwas metallischen Pfeifton ca. alle Dreiviertelsekunde. Nach rund sechs solcher Töne legt es eine kurze Pause ein, um sich dann erneut hören zu lassen. Meine adulten Tiere verhalten sich scheu und schreckhaft, offenbar trifft das auch auf die Kaulquappen zu.

Theloderma moloch (Annandale, 1912), Moloch-Rindenfrosch

Verbreitung von *T. moloch* nach iucnredlist.org

Verbreitung

Der Moloch-Rindenfrosch ist bis jetzt nur aus einem beschränkten Verbreitungsgebiet in Nordost-Indien (Bundesstaaten Arunachal Pradesh und Assam) bekannt, kommt aber möglicherweise auch in anderen Gegenden vor, eventuell sogar in China und Bhutan.

Aussehen

Diese mit rund 41 mm Länge mittelgroße und recht schlanke Art zeigt oberseits stark ausgebildete Kämme von Warzen und Tuberkeln, die in Längsrichtung oder schräg verlaufen. Auf dem Nacken und im Schulterbereich sind die Warzen größer und hier Λ-förmig angeordnet, auf dem abgeflachten Kopf und der Oberseite der Gliedmaßen dagegen kleiner. Kehle und Unterseiten der Gliedmaßen sind glatt, an Bauch und Flanken ist die Haut grob gekörnt. Die Finger sind nur basal durch Schwimmhäute verbunden, die Zehen dagegen zu zwei Dritteln ihrer Länge – hier erreicht die Schwimmhaut die Haftscheiben, nur zur vierten Zehe zieht sie sich als schmales Band lediglich bis knapp darunter. Die Haftscheiben sind groß, diejenige am dritten Finger entspricht beinahe dem Durchmesser des Trommelfells. Die graue Oberseite ist schwarz gefleckt. Die größeren Warzen sind sandfarben, die Trommelfelle schwarz. Ein großer, unregelmäßiger, schwarzweißer Fleck erstreckt sich beiderseits zwischen Vorder- und Hintergliedmaßen, die Achselregion ziert ein weißer Fleck. Die Außenseite des Oberschenkels ist weiß-grau-schwarz gebändert und gefleckt. Die Unterseite der Tiere ist schwarz, mit einem schwachen Netzmuster, das sich bis auf die Oberschenkel erstreckt. Die Kaulquappen werden rund 58 mm lang, eine detaillierte Beschreibung findet sich bei ANNANDALE (1912). Lebendfotos sind nicht bekannt.

Lebensweise

Theloderma moloch besitzt offenbar ein weites vertikales Verbreitungsspektrum, das von 300–2.250 m reicht. Die Tiere sind wohl Baumbewohner, die an tropischen Wald und Buschland gebunden sind. Die Typusexemplare wurden unter einem gefällten Baum gefunden. Als Stücke von dessen Stamm gehackt und dieser schließlich einen Abhang hinuntergerollt wurde, schwappte aus einer Höhlung Wasser mit Kaulquappen.

Bedrohung

Die Abholzung der Wälder ist der Hauptbedrohungsfaktor dieser im Abnehmen begriffenen Art, die als gefährdet eingestuft wird. Glücklicherweise kommt sie u. a. in den Schutzgebieten Dibang Wildlife Sanctuary und Mouling-Nationalpark in Assam sowie im Nameri-Nationalpark in Arunachal Pradesh vor, wo sie sich hoffentlich leichter für die Zukunft bewahren lässt.

Besonderheiten der Pflege

Über die Haltung von *T. moloch* ist uns leider nichts bekannt.

Theloderma nagalandense ORLOV, DUTTA, GHATE & KENT, 2006, Orangeflecken-Rindenfrosch

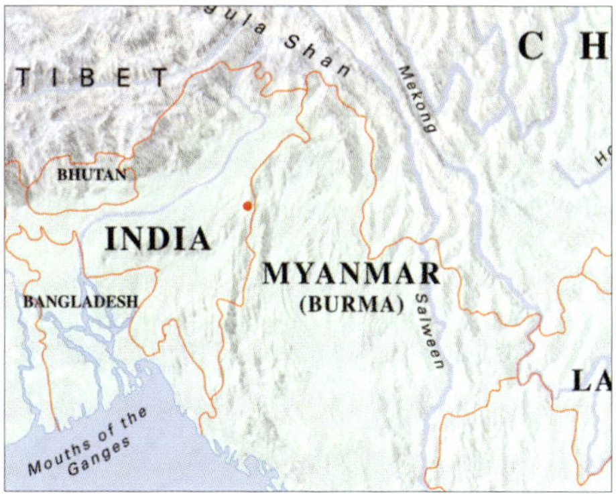

Verbreitung von *T. nagalandense* nach iucnredlist.org

Verbreitung

Diese Art ist derzeit nur vom Typus-Fundort bekannt, dem Dorf Tseminyu, 30 km nördlich von Kohima im Bundesland Nagaland, Nordost-Indien, doch ist sie möglicherweise weiter verbreitet.

Aussehen

Bislang wurde lediglich ein männliches Tier gefunden, weshalb eine Aussage über das Aussehen der Weibchen noch nicht möglich ist. Im männlichen Geschlecht erreicht der Orangeflecken-Rindenfrosch 53 mm Länge. Die Haut ist oberseits rau und mit großen, unregelmäßig verstreuten Hautkämmen sowie großen Warzen übersät. Dorsal ist das Typusexemplar orangerot gefleckt, der Bauch ist dunkelgrau, und dunklere Flecken formen hier eine kaum sichtbare Marmorierung. Die erwähnten Hauterhebungen und die Warzen sind an Kopf, Ober- und Unterschenkel cremefarben. An der Kehle sowie den Unterseiten der Gliedmaßen sitzen Tuberkel mit weißer Spitze. Die Innenseiten von Ober- und Unterschenkel, der Fuß sowie der untere Flankenbereich sind dunkelbraun und weiß gefleckt. Die Schwimmhaut zwischen den Fingern ist mäßig entwickelt, die Zehen sind komplett bis zur Spitze mit Schwimmhäuten verbunden, lediglich an der vierten Zehe ist das distale (körperferne) Glied frei. Lebendfotos sind nicht verfügbar.

Lebensweise

Das einzige bislang bekannte Exemplar wurde an einem regnerischen Tag auf 1.421 m ü. NN nahe einer Siedlung mit Baumbestand gefunden, weshalb eventuell anzunehmen ist, dass sich die Art an vom Menschen veränderte Habitate anpassen kann. Ursprünglich lebt sie jedoch wohl im Bergwald. Es handelt sich wahrscheinlich um einen Baumbewohner, der mutmaßlich wie die anderen Gattungsvertreter in wassergefüllten Baumhöhlen ablaicht.

Bedrohung

Es ist zu wenig über *T. nagalandense* bekannt, um hier eine Einschätzung treffen zu können. Der Fundort des Typusexemplars liegt nicht in einem Schutzgebiet.

Besonderheiten in der Pflege

Über eine Haltung dieser Art ist uns leider nichts bekannt.

Theloderma phrynoderma (Ahl, 1927), Krötenhaut-Rindenfrosch

Verbreitung von *T. phrynoderma* nach iucnredlist.org

Verbreitung

Die Art ist nur aus Thao in Zentral-Birma bekannt.

Aussehen

Diese mit rund 45 mm Körperlänge mittelgroße Art ist oberseits von rauen Warzen bedeckt, die in harten „Körnchen" enden. Während die Grundfarbe der Oberseite ein dunkles Olivgrau ist, sind diese „Körnchen" weißlich. Die Beine sind schwarz gestreift. Bauchseits sind die Tiere schwarzbraun, mit weißlichen Flecken. Die Finger sind bis zur Hälfte ihrer Länge durch Schwimmhäute verbunden, die Zehen zu zwei Dritteln ihrer Länge. Die Haftscheiben der Finger sind nicht viel kleiner als das Auge, die der Zehen etwas kleiner. Lebendfotos sind nicht bekannt.

Lebensweise

Seit dem Fund der beiden Exemplare, auf denen die Erstbeschreibung in den 20er-Jahren des 20. Jahrhunderts beruht, wurden keine weiteren Individuen mehr entdeckt. Die Lebensweise der Tiere ist daher nicht erforscht.

Bedrohung

Es liegen zu wenig Daten über *T. phrynoderma* vor, um hier eine Einschätzung treffen zu können.

Besonderheiten in der Pflege

Über eine Haltung der Art ist uns leider nichts bekannt.

Theloderma rhododiscus (Liu & Hu, 1962), Rotscheiben-Rindenfrosch

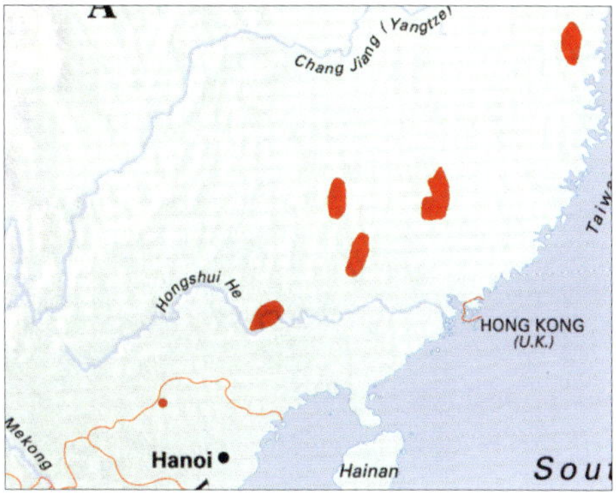

Verbreitung von *T. rhododiscus* nach iucnredlist.org

Verbreitung

Nachweise der Art liegen aus Zentral-China vor (Guangxi: Nanning, Dayaoshan und Huaping; Guangdong: Nanling; Fujian: Chongan) sowie vom Berg Tay Con Linh II, Cao Bo, Distrikt Vi Xuyen, im Nordosten von Vietnam.

Aussehen

Der Holotyp, ein adultes Männchen, maß 26,5 mm, ein Weibchen 29,5 mm. Der Kopf ist abgeflacht und länger als breit. Die Haut ist rau, Tuberkel fallen besonders am Kopf generell sowie speziell an den Augen auf. Der Rücken ist von spitzen, kleinen Tuberkeln netzartig überzogen. Der Bauch ist an den Ansätzen der Hinterbeine mit kleinen Tuberkeln versehen, ansonsten glatt. Die Finger sind nicht durch Schwimmhäute verbunden, die Zehen allerdings bis zur Hälfte ihrer Länge: An Zehe IV erreicht die Schwimmhaut das zweite Gelenk, an der Innenseite von Zeh V die Haftscheibe.

Die Finger- und Zehenspitzen sind orangerot, ihre Oberseiten teebraun mit einem oder zwei weißen Flecken auf den Händen. Zwischen dem Nasenloch und den Augen befinden sich schwarze Flecken. Auf der Oberseite von Schultern und Oberschenkeln findet sich je ein Paar schwarzer Flecken. Die Gliedmaßen sind gestreift, die Kloakenregion ist dunkelbraun gefärbt. Die Ränder des Kiefers sowie die Flanken sind von kleinen, weißen Streifen und Punkten übersät. Die Kehle ist dunkel gefleckt, die Rumpfunterseite braunschwarz mit einem grauweißen Netzmuster. Die Tuberkel an Händen und Füßen sind grauweiß, ebenso die Brunftschwiele am Daumen des Männchens.

Bauchseite und Rückenseite eines konservierten *T. rhododiscus* aus der Provinz Ha Giang, Nord-Vietnam
Fotos: R.H. Bain

Die Pupille erscheint purpurrot, die Iris rotbraun. Das gesammelte Weibchen zeigte im Gegensatz zum Männchen nur einen schwarzen Fleck auf dem Rücken. Es trug auf jeder Seite mehr als zehn sehr große Eier sowie kleinere, unpigmentierte Eier im Körper.

Wie eingangs schon erwähnt, ist Nikolai ORLOV der Ansicht, dieses derzeit noch unter *Theloderma* geführte Taxon sei in Wirklichkeit der Gattung *Philautus* zuzuschlagen (S. RYABOV, schriftl. Mittlg.).

Lebensweise

Die Art besiedelt Waldhabitate von 830–1.400 m ü. NN, wo sie in Höhlungen von Bäumen und Bambus sowie an kleinen Tümpeln und Teichen ablaichen soll. Der Holotypus und die Paratypen stammen aus der Innenseite dunkler Bassins.

Bedrohung

Die Art ist aufgrund der Abholzung der Wälder sowie der Zunahme der Landwirtschaft in ihrem Lebensraum potenziell gefährdet, der Populationsbestand ist im Abnehmen begriffen.

Besonderheiten in der Pflege

Über eine Haltung ist uns leider nichts bekannt.

Theloderma ryabovi ORLOV, DUTTA, GHATE & KENT, 2006, Ryabovs Flechtenfrosch

Verbreitung von *T. ryabovi* nach iucnredlist.org

Verbreitung

Bis jetzt ist die Art nur aus dem Dorf Mang Canh, im Kon-Plong-Distrikt, Provinz Kon Tum, im Zentrum Vietnams nachgewiesen.

Aussehen

Kopf und Rumpf des 44 mm Gesamtlänge messenden Männchens, anhand dessen die Art beschrieben wurde, sind stark abgeflacht. Die Haut der Oberseite ist mit kleinen Tuberkeln versehen, besonders auf Kopf und Rücken. Die Bauchseite dagegen ist nahezu glatt, nur an der Kehle und den Innenseiten der Schenkel leicht körnig. Die Schnauze ist zugespitzt. Nur der dritte und der vierte Finger sind durch rudimentäre Schwimmhäute verbunden, die Schwimmhäute der Zehen dagegen sind gut entwickelt.

Die Färbung der Oberseite ist ein helles, etwas ins Rosa spielendes Beige, das zusammen mit breiten lilafarbigen Mustern und schwarzen Flecken ein Bild ergibt, das an flechtenbedeckte Rinde erinnert. Die Flanken und die Region rund um die Augen sowie zwischen ihnen und um das Trommelfell sind blaugrau. Quer über den vorderen Abschnitt des Rückens zieht sich ein schwarzes Zickzackband. Auch die Hinterbeine sind schwarz gestreift. Die Vorderbeine und die Zehen sind schwarz, aber weißlich gepunktet. Der Bauch ist zeichnungslos grau, doch sind die Unterseiten der Gliedmaßen, die Flanken sowie teils die Kehle weißlich gepunktet. Das Männchen besitzt eine Schallblase.

Das Weibchen dagegen sieht so völlig anders aus, dass man meinen könnte, es handle sich um eine andere Art – *T. ryabovi* zeigt also einen ausgeprägten Geschlechtsdimorphismus und -chromatismus (Unterschiede der Geschlechter in Körperbau und -färbung). Es ist durchweg bräunlich schwarz, inklusive der Iris, Schwimmhäute usw. und zeigt grobe Warzen, sodass es wie genoppt aussieht. Im Prinzip wirkt es wie eine schwärzliche Ausgabe von z. B. *T. leporosum*. Außerdem verströmt es Sergei RYABOV (pers. Mittlg.) zufolge einen eigenartigen Geruch.

Männchen dagegen sehen völlig anders aus Foto: T.C. Ho

Lebensweise

Die Art ist nur von wenigen adulten Exemplaren sowie einigen Kaulquappen bekannt. Der Lebensraum besteht aus Primärregenwald mit steilen Bergschluchten und einem reichen Netz von Wasseradern. Hier, auf 1.210 m ü. NN, saß ein Männchen in 4 m Höhe in der Höhlung eines großen Baums. Diese wies einen Wasserstand von ca. 20 cm auf und war teils mit einer Masse aus sich zersetzendem Laub und Rinde gefüllt, in der mehr als fünf Kaulquappen und zwei weitere Adulti (wahrscheinlich Weibchen) versteckt waren. Auf demselben Baum lebte auch *T. stellatum*, und *T. gordoni* wurde in hohlen Stämmen in nur 50 m Entfernung nachgewiesen. Eine Vielzahl weiterer Rhacophoriden laichte nahe einem Waldfluss in 150 m Distanz zum Fundort von *T. ryabovi* ab: *Rhacophorus annamensis*, *R. calcaneus*, *R. baliogaster*, *R. bipunctatus*, *R. exechopygus*, *R. reinwardtii*, *R. orlovi*, *Polypedates leucomystax*, *Philautus banaensis*, *P. abditus*, *Chirixalus palpebralis* und *C. vittatus*.

Besonderheiten in der Pflege

Über eine Haltung der Art ist uns leider nichts bekannt. Aufgrund des gemeinsamen Vorkommens in der Natur mit *T. stellatum* und *T. gordoni* müssten die Ansprüche von *T. ryabovi* an die Haltung denen der beiden Schwesternarten gleichen.

Das einzige derzeit (Juni 2009) im Terrarium gepflegte Exemplar, ein Weibchen, lebt seit Juni 2006 im Exotarium Tula – unter ähnlichen Haltungsbedingungen, wie für die anderen Spezies beschrieben. Das Tier ist jedoch sehr lichtscheu, weshalb sein Terrarium teilweise mit schwarzem Papier abgeklebt ist (S. RYABOV, schriftl. Mittlg.)

Bedrohung

Es liegen zu wenig Daten über die Art vor, um hier eine Einschätzung treffen zu können.

Das einzige bekannte Weibchen von *Theloderma ryabovi* lebt im Exotarium Tula Foto: A.A. Evsyunin

Theloderma stellatum Taylor, 1962, Schwimmhaut-Flechtenfrosch

Verbreitung von *T. stellatum* nach iucnredlist.org

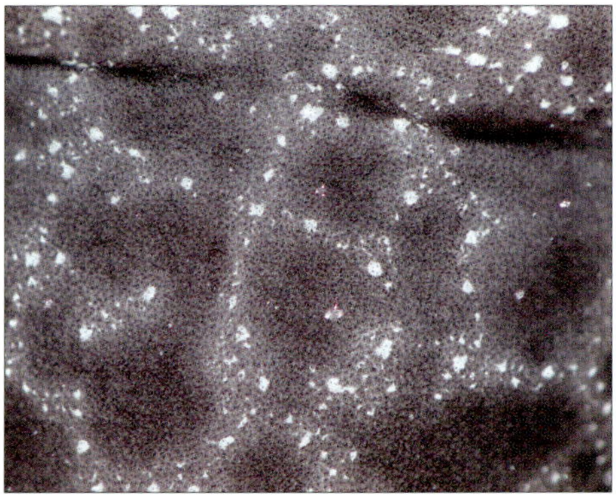

Detail der komplexen Bauchzeichnung von *T. stellatum* Foto: K. Kunz

Verbreitung

Diese Art ist aus dem Südosten Thailands, Kambodscha sowie aus Süd-Vietnam bis auf die Insel Phu Quoc nachgewiesen, Vorkommen in Kambodscha und Laos werden ebenfalls erwähnt.

Aussehen

Das Aussehen dieser maximal 39 mm erreichenden Art (Tapley 2007) ist nicht ganz einfach zu beschreiben, zumal das Farbwechselvermögen verblüffend ist. Auf den ersten Blick wirken die Tiere eintönig braun, doch bei näherem Hinsehen entdeckt man, dass sie in verschiedensten Farben gezeichnet sind, und eine Makroaufnahme zeigt, dass es sich um wirklich sehr attraktive Frösche handelt. So ziehen sich etwa braune, schwarz umrandete Flecken über die Oberseite, aber auch beige und sogar orange Nuancen sind vorhanden. Zumindest bei jungen Tieren kann das Körperende weiß gefärbt sein, die Beine sind weiß-braun gebändert. Die Finger weisen stark entwickelte Schwimmhäute bis zu etwa drei Vierteln ihrer Länge auf, die Haftscheiben sind oberseits rötlich. Die Iris ist rötlich braun und von schwarzen Linien durchzogen. Die Rumpfunterseite erscheint bräunlich oder schwärzlich und creme gefleckt bzw. weißlich gepunktet. Detaillierte Beschreibungen der Kaulquappen finden sich bei Taylor (1962), Wassersug et al. (1981) sowie Inger et al. (1999).

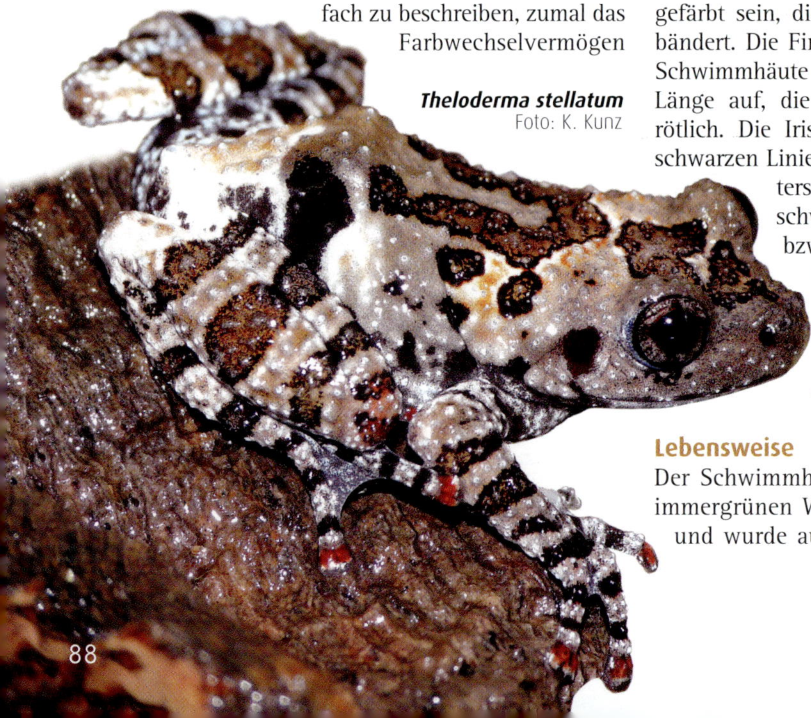

Theloderma stellatum Foto: K. Kunz

Lebensweise

Der Schwimmhaut-Flechtenfrosch bewohnt immergrünen Wald von 50–1.200 m ü. NN und wurde auch schon in Gummiplanta-

Theloderma stellatum **kann fast einfarbig, aber auch sehr bunt sein** Foto: K. Kunz

gen nachgewiesen. Männchen rufen von hoch oben in der Vegetation. In der Natur wurden Pärchen im Amplexus und rufende Männchen ab Mai oder Juni beobachtet, Gelege und Kaulquappen verschiedenster Stadien sind noch bis in den Dezember hinein nachzuweisen.

Die Gelege werden in wassergefüllten Baumlöchern oberhalb des Wasserspiegels abgesetzt, wobei besonders verrottende Stämme gestürzter Bäume eine Rolle zu spielen scheinen – eventuell lassen sie sich hier aber auch nur einfacher nachweisen, denn WASSERSUG et al. (1981) fanden auch Larven in einem Wasserreservoir, das durch riesige Brettwurzeln in 4 m Höhe gebildet wurde. Diese Höhlung maß an ihrem Grund 45 x 30 cm und wies über einem Substrat aus dicht gepackten toten Blättern einen Wasserstand von 10 cm auf. Das Wasservolumen wurde jedoch zu einem großen Teil von weiterem, allerdings losem Falllaub eingenommen. In Thailand wurde die Art auch dabei beobachtet, wie sie Eier an Strukturen über permanenten, von Menschen angelegten Teichen in einem trockenen, immergrünen Wald absetzte. Von zwölf untersuchten Jungtieren wiesen nur drei Nahrung im Magen-Darm-Trakt auf.

Bedrohung

Die Art wird als potenziell bedroht angesehen, da insbesondere die Zerstörung ihrer Habitate für Land- und Forstwirtschaft eine große Gefahr für sie darstellt. Der Populationstrend ist abnehmend.

Die komplexe Färbung und Zeichnung von *Theloderma stellatum* tarnen die Tiere in der flechtenbewachsenen Vegetation ihrer Lebensräume hervorragend Foto: K. Kunz

Besonderheiten in der Pflege

Diese kleinen Tiere lassen sich bereits in sehr kleinen Terrarien zur Vermehrung bringen. Ilze Dunce (schriftl. Mittlg.) pflegt 5–10 adulte Tiere in Becken von 55 x 25 x 25 cm, im Durell Wildlife Conservation Trust werden sie in noch kleineren Boxen von nur 35 x 20 x 35 cm nachgezüchtet (Tapley 2007), und auch bei mir (KK) legten sie unter Quarantänebedingungen in derart kleinen Behältern Eier ab. Die Gelege werden gerne an der Unterseite schräg über das Wasser ragender Einrichtungsgegenstände wie Korkrinde und Steine abgesetzt. Besonders beliebt als Ablageort scheinen nach meinen (KK) Beobachtungen die Ränder von „Höhlendächern" zu sein, etwa die steilen Wände oder aber die Kanten gewölbter Korkrindenstücke, die entsprechend im Wasser platziert wurden. Aber auch beispielsweise an den glatten Wänden von Kunststoffterrarien laichten meine (KK) Tiere. Die Gelege, die das ganze Jahr über (I. Dunce, schriftl. Mittlg.) oder aber nur von April bis Oktober (Tapley 2007) manchmal fast im Wochenabstand abgesetzt werden können, sind recht klein, sie umfassen meist etwa 6–9 Eier, maximal konnten sowohl Dunce (schriftl. Mittlg.) als auch ich selbst (KK) elf Eier feststellen. In Riga werden die Tiere bei 21–26 °C tagsüber und 17–20 °C nachts gehalten (I. Dunce, schriftl. Mittlg.), im Durell Wildlife Trust bei 23–27 °C (Tag/Nacht) im Sommer und 20–25 °C (Tag/Nacht) im Winter (Tapley 2007), bei mir (KK) schwanken die Temperaturen zwischen 23 und 25 °C tags und 20–22 °C nachts. Im Aquazoo laichen die Tiere zuverlässig, wenn das Wasser alle zwei Wochen gewechselt wird; in der Zwischenzeit wird es lediglich gefiltert (SH, pers. Beob.).

Theloderma stellatum sitzt tagsüber viel im Wasser oder an Korkrinde, Fasermatten und ähnlichen Einrichtungsgegenständen. Auch bei einer sehr spartanischen Einrichtung schreiten diese Frösche zur Fortpflanzung. So waren die Miniterrarien im Durell Wildlife Trust 4 cm hoch mit Wasser bedeckt, die weitere Ausstattung bestand aus einem Stück Korkrinde und Hälften von Kokosnussschalen mit Eingangsloch als Unterschlupf, außerdem befanden sich ein paar künstliche Pflanzen als weitere Strukturierung im Wasser. Diese Frösche sind relativ scheu und tauchen bei Störungen rasch ins Wasser ab. In der Nacht sind die Tiere neugierig auf Futtersuche im gesamten Terrarium unterwegs und halten sich gerne an erhöhten Sitzplätzen auf, wie Wurzeln oder den Wänden des Terrariums.

Bei dieser Art sollte das Wasser sehr häufig gewechselt und der Behälter gereinigt werden, da es Anzeichen dafür gibt, dass die Tiere ansonsten gesundheitliche Probleme bekommen und sterben können.

Diese Frösche sind relativ scheu, und auch die Aufzucht ist nicht ganz einfach. In Riga beispielsweise kam es bereits bei der Zeitigung der Eier in Petrischalen zu hohen Verlusten durch *Saprolegnia*, die auch durch Zugabe von Methylenblau nicht zu verhindern waren (I. Dunce, schriftl. Mittlg.). Die Inkubation im Terrarium selbst funktioniert dagegen problemlos, allerdings können bei der Aufzucht der Kaulquappen aus noch ungeklärten Gründen viele Tiere eingehen. Interessanterweise erhielt Ilze Dunce (schriftl. Mittlg.) bei Fütterung mit Fischfutter und Fischfleisch keine weiblichen Nachzuchten, dagegen einige bei Fütterung mit Fischfutter und gekochten Brennnesselblättern.

Bei dieser Art kann man die Larven auch einfach im Becken der Alttiere belassen, sie entwickeln sich hier dann bei ca. 23–26 °C ohne weitere oder bei nur schwacher Zufütterung und ernähren sich ansonsten von ertrunkenen Futterinsekten, Kot, Algen etc. Bei der Aufzucht in kleinen Behältern sind die Ausfälle offenbar größer als bei der letztgenannten Methode. Will man die Tiere dennoch separat aufziehen, sollte man dem Wasser unbedingt z. B. Eichenfalllaub, *Sphagnum*, Schwarztee oder Seemandelbaumblätter zugeben. Dies verringert die Verpilzungsgefahr deutlich.

Drei bereits recht weit entwickelte Larven von *Theloderma stellatum* sowie ein unbefruchtetes Ei Foto: K. Kunz

Pärchen von *Theloderma stellatum* im Amplexus
Foto: K. Kunz

Bei 21–26 °C Wassertemperatur können die Jungtiere bereits nach 5–6 Monaten die Geschlechtsreife erlangen (TAPLEY 2007), bei 24–28 °C sind erste Gelege sogar schon nach nur 2,5–3 Monaten zu erwarten (M. GÖTZ, schriftl. Mittlg.). Die Tiere erreichen ein Höchstalter von mindestens fünf Jahren (I. DUNCE, pers. Mittlg. an TAPLEY 2007).

Das Wachstum von 17 Kaulquappen von *T. stellatum* konnte vom Schlupf bis zum Verlassen des Wassers gemessen werden (SH, siehe S. 92–93). Die Tiere sind beim Schlupf ca. 1,2 cm lang und verdoppeln ihre Größe durchschnittlich innerhalb der ersten 20 Tage. Die ersten Ansätze für Hinterbeine ließen sich bei den untersuchten Tieren frühestens ab dem 46. Tag erkennen, bei rund 4 cm Länge. Anzeichen für Pigmentierungen im Muster der Alttiere erscheinen, kurz nachdem kleine Hinterbeine vorhanden sind. Vorderbeine lassen sich ab dem 60. Tag beobachten, und frühestens zehn Tage später verlassen die Tiere selbstständig das Wasser. Kaulquappen, die einzeln, als Paar oder sogar in einer Gruppe von neun Tieren aufgezogen wurden, durchliefen zeitlich eine sehr ähnliche Entwicklung. Die ersten Kaulquappen verließen nach 70 Tagen das Wasser, andere erst nach 85 Tagen. Die Bedingungen waren stets dieselben, die Wassertemperatur lag bei durchschnittlich 21 °C.

Ilze DUNCE (schriftl. Mittlg.) berichtet, in ihrer Zucht habe es anfangs das für Thelodermen möglicherweise typische „Männchenproblem" gegeben, d. h. die Nachzuchten waren ganz überwiegend männlich. Seit sie jedoch die Aufzucht der Quappen in den Terrarien der Elterntiere durchführe, habe sich das geändert, hin zu einem ausgeglicheneren Geschlechterverhältnis.

Die folgenden drei Grafiken zeigen das Wachstum von *T.-stellatum*-Kaulquappen.
Das Wachstum von 14 Kaulquappen wurde vom Schlupf an (Tag 1) bis zum Landgang mehr oder weniger regelmäßig dokumentiert. Die Messung erfolgte mittels Millimeterpapier.
Die Tiere wurden den Gelegen (Buchstabe) nach gemeinsam in Faunaboxen aufgezogen. Ausnahme ist Gelege A, die vier Kaulquappen wurden auf zwei Faunaboxen aufgeteilt. Futter etc. war stets vergleichbar.

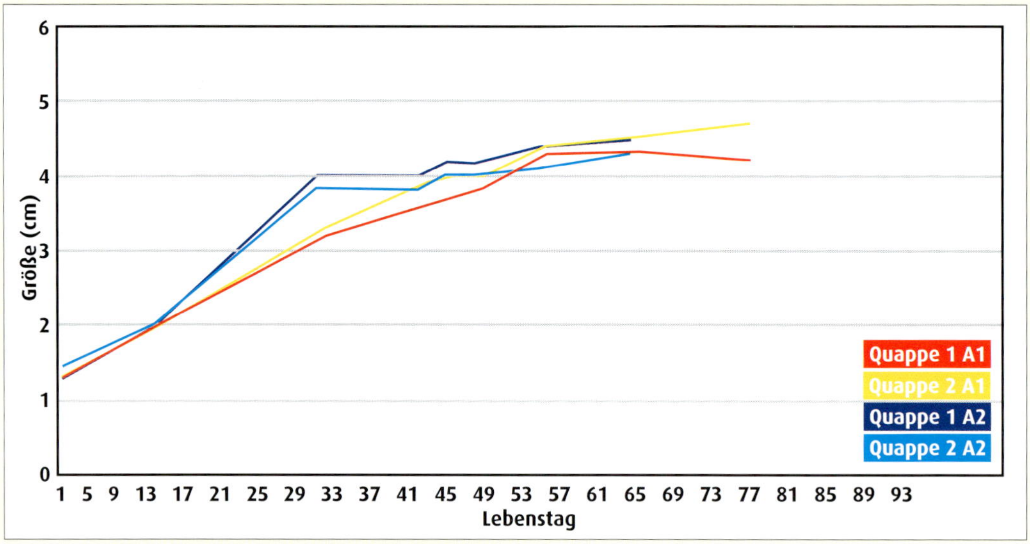

Kaulquappen 1A1 und 2A1 wurden zusammen gehalten.
Kaulquappen 1A2 und 2A2 wurden zusammen gehalten.

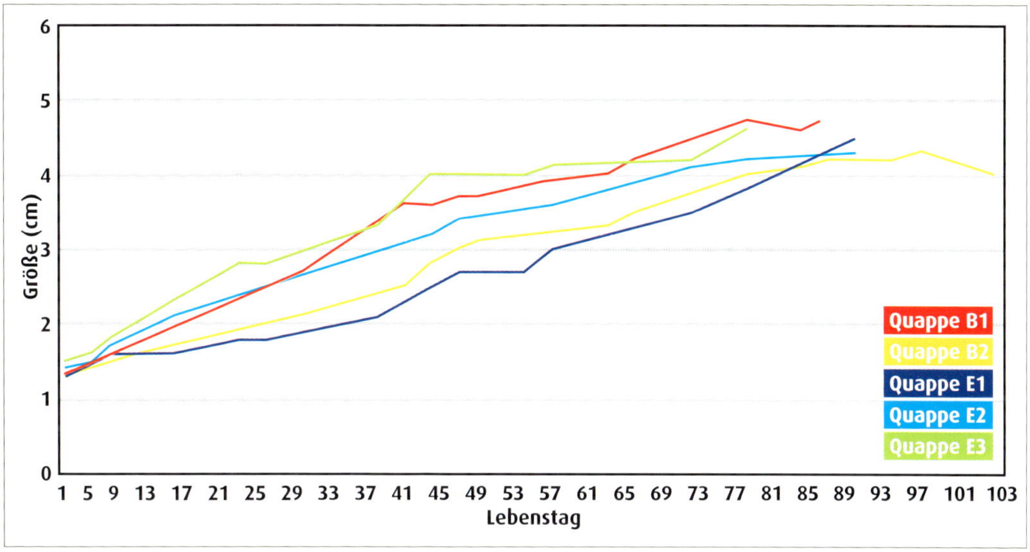

Kaulquappen B1 und B2 wurden zusammen gehalten.
Kaulquappen E1, E2 und E3 wurden zusammen gehalten.

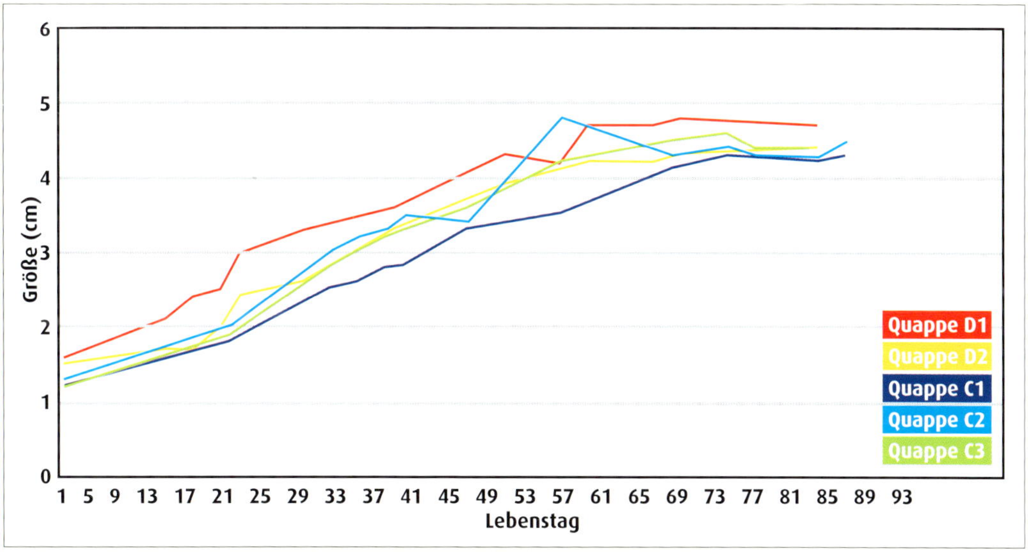

Kaulquappen D1 und D2 wurden zusammen gehalten.
Kaulquappen C1, C2 und C3 wurden zusammen gehalten.
Bis auf Kaulquappen C3 und B2 entwickelten sich die jeweiligen Geschwister und „Mitbewohner“ in ähnlicher Zeit.
Die Tiere benötigten zwischen 68 und 103 Tage bis zum Landgang. Durchschnittlich brauchten die Tiere 85 Tage vom Schlupf bis zum Landgang.

Extra: *Nyctixalus pictus* (Peters, 1871), Bunter Katzenaugenfrosch

Verbreitung von *Nyctixalus pictus* nach iucnredlist.org

Wir möchten hier neben den *Theloderma*-Arten noch kurz einen weiteren Rhacophoriden vorstellen, und zwar aus mehreren Gründen. Zum einen handelt es sich bisherigen Erkenntnissen zufolge um einen nahen Verwandten von *Theloderma*, zweitens ist er der Einzige unter eben diesen nahen Verwandten, der regelmäßig importiert wird, in den Handel gelangt und somit terraristisch relevant ist. Drittens entspricht er ökologisch weitestgehend dem üblichen *Theloderma*-Schema, und schließlich und endlich handelt es sich beim Bunten Katzenaugenfrosch um eine äußerst attraktive Art, die weit mehr terraristische Aufmerksamkeit und Anstrengung verdient hat, als ihr bis jetzt zuteil wurde. Dies ist besonders angesichts der Tatsache der Fall, dass *N. pictus* bereits als „gering bedroht“ eingestuft werden musste und seine Bestände in freier Natur im Abnehmen begriffen sind. *Nyctixalus pictus* ist neben *N. margaritifer* und *N. spinosus* der Dritte im Bunde seiner überschaubaren Gattung, die beiden anderen Arten spielen jedoch derzeit in der Vivaristik praktisch keine Rolle.

Verbreitung

Das Vorkommen dieser Art erstreckt sich von Yala im tiefsten Süden Thailands über die Malaysische Halbinsel, das Sultanat Brunei, Singapur, Sumatra und Nord-Bor-

Ein wunderschöner naher Verwandter der Thelodermen: der Bunte Katzenaugenfrosch, *Nyctixalus pictus* Foto: K. Kunz

Die Haut des Bunten Katzenaugenfrosches ist über und über weiß gepunktet Foto: K. Kunz

neo bis zur Philippinen-Insel Palawan. Möglicherweise ist sie weiter verbreitet als bisher bekannt, insbesondere zwischen den dokumentierten Fundpunkten sind weitere Populationen zu erwarten.

Aussehen

Dieser wunderschöne Frosch kann leuchtend orange, rötlich, rötlich braun, bräunlich orange oder braun sein. Weiße Tupfen zieren seinen Kopf und seinen Körper und bilden oft eine Linie von der Schnauze über die Augen bis auf den Rücken. Querbinden durch diese Flecken auf den Gliedmaßen sind oft nur andeutungsweise vorhanden. Die Oberseite ist durch kleine, mehr oder wenige spitze Tuberkel insgesamt rau. Unterseits sind die Tiere fahler orange oder bräunlich, seltener auch hell bis weißlich getönt, an Brust und Bauch finden sich helle Flecken, bei Exemplaren mit heller Unterseite sind die Flecken grünlich schwarz. Die Unterseite ist granuliert, mit Ausnahme der glatten Kehle. Kopf und Körper

Auch die Unterseite der Tiere ist weiß gepunktet, und die großen, farblich unterteilten Augen sind nach vorn gerichtet Foto: K. Kunz

Kaulquappe von *Nyctixalus pictus* Foto: K. Kunz

sind stark abgeflacht. Die Tiere sind wie auch Thelodermen zu einem physiologischen Farbwechsel imstande: Im Laub sitzende Exemplare beispielsweise können ein eher bräunliches Kolorit annehmen. Der Körper ist schlank, die Gliedmaßen sind lang und dünn. Der Kopf wirkt dreieckig, da die Schnauze lang gezogen ist; sie endet aber abgerundet. Die Zehen sind etwa bis zur Hälfte mit Schwimmhäuten verbunden, die Finger sind frei oder zeigen eine sehr rudimentäre Schwimmhaut. Die großen Augen sind farblich zweigeteilt: Das obere Drittel ist weiß, die beiden unteren sind etwa in der Körperfarbe gehalten, ein wirklich spektakulärer Anblick.

Männchen erreichen 30–33 mm, Weibchen 32–34 mm Länge. Männchen lassen sich wie bei *Theloderma* anhand ihrer Brunftschwielen an den „Daumen" erkennen.

Lebensweise

Der vorwiegend nachtaktive *N. pictus* bewohnt die Strauch- und untere Baumregion in Primär- und Sekundärwäldern von 50–700 m ü. NN, steigt aber seltener auch bis 1.750 m empor. Manchmal werden die Tiere außerdem am Boden gefunden. Die Weibchen setzen wie *Theloderma* ihre bis zu 15 Eier 4–7 cm über der Wasserfläche in Baumhöhlungen und ähnlichen Orten ab. Der Ruf der Männchen ist recht leise. Es handelt sich um eine ansteigende Serie von klickenden Lauten, die zum Ende hin wieder abfallen kann, einem Zirpen von Grillen nicht unähnlich.

Bedrohung

Zwar ist die Art weit verbreitet, aber nirgends häufig, außerdem ist sie auf ungestörte Waldhabitate angewiesen. Einige Vorkommen liegen glücklicherweise in Schutzgebieten, dennoch ist die Rodung der Wälder zur Gewinnung von Holz und landwirtschaftlicher Nutzfläche ein großer Bedrohungsfaktor für die Art.

Besonderheiten in der Pflege

Die Haltung bei rund 25–27 °C tagsüber und leicht geringeren Nachtwerten ist problemlos. Obwohl auch eine Haltung in einem Regenwaldterrarium mit reichlich Pflanzen, einer Laubschicht und einem Wasserteil möglich ist, pflege ich (KK) meine Exemplare wie auch meine Thelodermen über einer Wasserfläche. Als Sitz- und Ablaichgelegenheiten sind reichlich senkrecht stehende Korkrindenstücke eingebracht. Die Kaulquappen ähneln stark denen von Thelodermen und lassen sich im Becken der Eltern ohne Zufütterung oder mit nur geringen Futtergaben problemlos aufziehen.

Gesundheit

Die in diesem Buch vermittelten Erfahrungen haben bei uns dazu beigetragen, unsere Moosfrösche über weite Strecken gesund zu erhalten. Trotzdem hatten auch wir Fehlschläge, Einbrüche und Verluste mit dieser Amphibiengruppe. In diesem Kapitel sind neben allgemeinen Ausführungen auch für Moosfrösche spezifische Erkrankungen aufgeführt, die wir oder unsere Kooperationspartner zu verzeichnen hatten.

Bei Amphibien lassen sich durch die möglichst genaue Kenntnis der Lebensraumbedingungen sowie deren Berücksichtigung bei der Pflege die meisten durch Haltungsfehler bedingten Erkrankungen vermeiden. Nicht oft genug betonen kann man, dass Neuzugänge erst in Quarantäne gehalten werden müssen, um den schon vorhandenen Tierbestand nicht zu gefährden (Eisenberg 2003a).

Erkranken die Frösche dennoch, kann man über die Deutsche Gesellschaft für Herpetologie und Terrarienkunde (DGHT; siehe Anhang) Kontakt zu einem amphibienkundigen Tierarzt suchen. Dieser berät Sie auch zu allen Fragen einer spezifischen Diagnostik und Therapie. Für die grundsätzlich bei Amphibien in Frage kommenden Erkrankungen muss auf die vorhandene Spezialliteratur verwiesen werden (Mutschmann 1998; Wright & Whitaker 2001).

Erwirbt man nicht bereits von Anfang an geschwächte Exemplare, sind Moosfrösche eigentlich äußerst robuste Terrarientiere, die unter artgerechten Bedingungen kaum einmal erkranken. Besonderer Wert ist daher auf eine adäquate Einrichtung und Klimatisierung des Terrariums, auf vollwertige, mineralstoff- und vitaminreiche Fütterung sowie auf größtmögliche Hygiene zu legen. Gerade bei Staunässe und mangelndem Luftaustausch können sich sonst Hautinfektionen bilden, und auch Lästlinge wie Milben vermehren sich dann rasch und befallen unter Umständen die Frösche. Schimmelbildung muss ebenfalls unbedingt vermieden werden!

Bei ersten Anzeichen von Krankheiten, beispielsweise getrübten Augen, sollte man sofort handeln und die Tiere einem mit Amphibien erfahrenen Tierarzt vorstellen, sonst enden sie extrem schnell so wie dieser einen Tag zuvor eingetroffene Wildfang von *Theloderma asperum*
Foto: K. Kunz

Amphibien besitzen eine sehr empfindliche Haut, man sollte sie daher so selten wie möglich anfassen. Ist dies doch einmal nötig, so sollte dies nur mit vorher gewaschenen und am besten noch feuchten Händen geschehen. Seifen- oder Creme- ebenso wie Parfümreste müssen zuvor gründlich abgespült worden sein. Nach jedem Kontakt mit den Tieren oder Einrichtungsgegenständen sollte man unbedingt gründlich seine Hände mit warmem Wasser und Seife waschen. Im Sinne des Eigenschutzes ist jedoch dem direkten Kontakt gerade zu erkrankten oder potenziell erkrankten Tiere das Tragen ungepuderter Einmalhandschuhe vorzuziehen.

Ein solches Exemplar ist umgehend einem mit Amphibien erfahrenen Tierarzt vorzustellen und nach dessen Weisung zu behandeln, sonst ist es verloren: Bei einem gesunden Moosfrosch sind die Augen stets klar, die Hautwarzen arttypisch spitz und nicht wie hier verschwommen-abgeflacht. Foto: K. Kunz

Kommt es einmal zu Krankheitssymptomen bei Moosfröschen, wird das betroffene Exemplar sofort einzeln in Quarantäne gesetzt. Wie oben bereits geschildert, kann man nun Kotproben auf Parasiten oder sonstige Krankheitserreger untersuchen lassen (geeignete Institute: siehe „Weitere Informationen"). Bei positivem Befund behandelt man die Frösche nach Weisung. Von eigenmächtigen Therapien seiner Tiere ist unbedingt abzuraten.

Wegen ihrer Relevanz auch beim weltweiten Amphibiensterben sowie um einem allzu sorglosen Umgang beim Mischen von Tieren unterschiedlicher Herkünfte vorzubeugen, haben wir im Folgenden eine Auflistung der wichtigsten Infektionskrankheiten dieser Tierklasse zusammengestellt, und zwar nach der bewährten grundsätzlichen Gliederung in Erkrankungen durch Viren, Bakterien, Pilze und Parasiten.

Virale Erkrankungen

Unter den Viren sind besonders die Iridoviren der Gattung *Ranavirus* bedeutsam, die in Beständen ein seuchenartiges Ausmaß annehmen sowie schwere Erkrankungen und hohe Verluste verursachen können. Mehrere verschiedene Ranaviren wurden für einzelne Arten beschrieben, wie das „tadpole edema virus", das „frog erythrocytic virus" sowie das „marine toad virus" und das „tiger salamander ranavirus". Heute weiß man jedoch, dass weit mehr Spezies durch die jeweiligen Viren befallen werden können sowie dass Iridoviren sogar bei Wirbellosen, Fischen und Reptilien bedeutsam sind und möglicherweise zwischen diesen Wirten auch übertragen werden können. Ranaviruserkrankungen treten nicht selten mit Hautblutungen, Ödemen und Geschwüren sowie plötzlichen Todesfällen auf.

Herpesviren sind schon lange als Erreger viral bedingter Tumoren vor allem der Nieren und anderer Organe bekannt, betreffen aber insbesondere den nordamerikanischen Leopardfrosch. Darüber hinaus sind Virusinfektionen bei Amphibien eher die Regel als die Ausnahme – jedoch ohne klinische Symptome auszulösen. Darunter befinden sich neben den schon angesprochenen Virusfamilien Retro-, Calici-, Pocken-, Toga-, Polyoma- und Adenoviren.

Bakterielle Erkrankungen

Haut und Schleimhäute der Amphibien stellen eine natürliche Barriere zur Außenwelt dar, werden jedoch gleichzeitig von einer Vielzahl von Bakterienarten besiedelt. Unter diesen dominieren gramnegative Stäbchenbakterien, und es können durchaus Bakterien auftreten, die bei anderen Tieren oder beim Menschen mehr oder weniger gefährliche Infektionskrankheiten auslösen, wie beispielsweise Leptospiren, Listerien, Yersinien oder Salmonellen, bei Amphibien aber keine Krankheitssymptome verursachen. Die von den reichlich vorhandenen Hautdrüsen der Amphibien gebildeten Sekrete verhindern generell, dass Bakterien überhand nehmen, diese Barriere passieren und den Organismus infizieren können. Eine solche natürliche Mikroorganismenflora ist abhängig vom Aufenthaltsort der Amphibien und – wie wir weiter unten noch sehen werden – keinesfalls schädlich. Die unterschiedlichen Bakterien halten sich gegenseitig im Gleichgewicht, und durch sie bedingte Schädigungen mit klinischer Erkrankung sind erst dann zu erwarten, wenn einzelne

Manchmal treten solche Aufblähungen bei Kaulquappen spontan auf, meist gehen sie auch wieder von selbst zurück Foto: K. Kunz

Bakterienarten dominieren oder sogar in Reinkultur wachsen. Das kann eintreten, wenn drastische Veränderungen der Umweltbedingungen eintreten (beispielsweise das Umsetzen von Amphibien in andere Terrarien mit eigenem Bakterienrepertoire) oder die Tiere aufgrund allgemeiner Hal-

Aufgestoßene Schnauzen sind bei Import-Tieren ein häufiges Problem, das aber durch etwas trockenere, hygienische Haltung und Behandlung mit z. B. Betaisodona-Salbe gut in den Griff zu bekommen ist Foto: K. Kunz

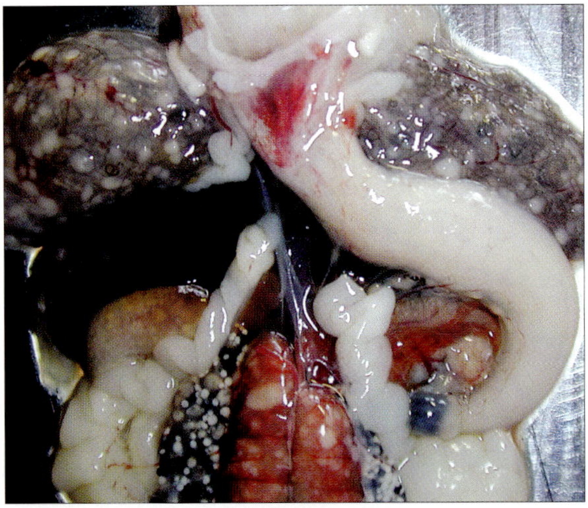

Sezierter Vietnamesischer Moosfrosch mit „Froschtuberkulose": Die inneren Organe sind voller Entzündungsherde, in denen sich massenhaft Mykobakterien nachweisen ließen Foto: T. Eisenberg

tungsdefizite (unhygienische Wasserqualität, schlechte Ernährung, falsches Temperaturregime oder Überbesatz) infolge einer Immunschwächung gegenüber sonst harmlosen Bakterien anfällig werden. Ein gutes Beispiel hierfür ist die bei Amphibienhaltern gefürchtete sogenannte „red leg disease" (Rotbeinkrankheit), eine durch an sich harmlose gramnegative Wasserbakterien wie *Aeromonas hydrophila* verursachte Septikämie (Blutvergiftung) mit diffusen Blutungen und stark gehäuften plötzlichen Todesfällen. Aus diesem Grund sollten Befunde von bakteriologischen Untersuchungen der Haut und Schleimhäute von Amphibien von einem Tierarzt, der einschlägige Kenntnisse besitzt, interpretiert werden, bevor mit einer antimikrobiellen Therapie begonnen wird.

Zu den regelmäßig nachgewiesenen Bakteriosen bei Amphibien zählen auch die Chlamydien (*Chlamydia suis*, *Chlamydophila pneumoniae*, *C. abortus*), eine Bakterienfamilie, die zunächst bei Krallenfröschen entdeckt wurde und deren Symptome denen der „red leg disease" (s. o.) sehr ähnlich sein können. Wegen der Gefahr einer Übertragung auf den Menschen sollten infizierte Amphibien mit der nötigen Vorsicht behandelt werden. Auch bei einer uns bekannten Moosfrosch-Haltung kam es zu einer Infektion mit Chlamydien. Die verendeten Tiere hatten eine deutliche Leberentzündung sowie Blutungen im Herzbeutel und ein Lungenödem.

Weiterhin treten gerade bei rein oder zu einem Großteil aquatilen Arten wie Krallen- oder Moosfröschen sogenannte Mykobakteriosen auf. Es handelt sich tatsächlich um mit den Tuberkuloseerregern verwandte Bakterien (*Mycobacterium marinum*, *M. xenopi*, *M. fortuitum*, *M. gordonae*, *M. chelonei*), die chronische Krankheitsbilder mit Lethargie, Hautknoten, Geschwüren und Abszessen hervorrufen können. In einem uns zur Kenntnis gelangten Fall waren die inneren Organe eines sezierten Moosfrosches übersät mit Entzündungsherden, in denen massenhaft Mykobakterien nachgewiesen wurden. Diese auch bei Fischen verbreiteten Erreger bergen ebenfalls die Gefahr, durch unhygienischen Kontakt auf den Menschen übertragen zu werden. Durch sie verursachte Krankheitsbilder sind hier unter dem Begriff „Schwimmbadgranulom" oder „Badedermatitis" bekannt.

Mehr von akademischem Interesse und der Vollständigkeit halber erwähnt sind die sogenannten Rickettsien (*Haemobartonella* spp., *Aegyptianella* spp.), durch Egel oder blutsaugende Gliedertiere übertragene Bakterien, die Blutzellen frei lebender Amphibien infizieren, aber im Regelfall keine Erkrankung mit klinischen Symptomen verursachen.

Wir konnten bisher bei Moosfröschen mit Krankheitssymptomen, bei denen sich die Frösche in einer Schauanlage gehäuft mit den Händen über die Augen rieben und sich an Gegenständen scheuerten, eine Allgemeininfektion mit sehr resistenten Bakterien der Art *Chryseobacterium indologenes* nachweisen. Die nach ihrem Tod untersuchten Tiere zeigten eine Entzündung beider Augen. Die eingeleitete antimikrobielle Therapie kam für die meisten Tiere des Bestandes zu spät. Dies stellt einen leider eher typischen Krankheitsverlauf dar, bei dem vormals stabile Gruppen von Thelodermen beispielsweise nach dem mit Stress verbundenen Umsetzen plötzlich zusammenbrechen. Ähnliche Erfahrungen liegen nämlich auch von anderen Fällen vor, in denen die pathologische Sektion gestorbener Tiere ebenfalls eine bakterielle Blutvergiftung ergab: stäbchenförmige Bakterien, z. T. in Haufen liegend, fanden sich in mehreren Organen und hatten teilweise zu irreparablen Organschäden geführt. Die Haut wies eine blutige Entzündung auf, das Immunsystem war aktiviert (S. Wolf, schriftl. Mittlg.).

Glücklicherweise führen nicht alle Bakterien aus der Umgebung der Frösche sofort zu einer Blutvergiftung, sondern es können sich zunächst auch lokale Infektionen abspielen. Bei importierten Exemplaren, Wildfängen wie Farmnachzuchten, sind aufgestoßene Nasen ein häufiges Problem. Auch bei unhygienischen Verhältnissen, insbesondere in Wassergefäßen, bei Staunässe oder einem Befall mit an sich harmlosen Futtermilben können die Frösche Hautwunden und -infektionen bekommen, die umgehend desinfiziert werden müssen, damit sich keine Allgemeininfektion daraus entwickelt. Dazu eignen sich eine etwas trockenere Haltung sowie desinfizierende Bäder z. B. in frisch abgekühltem, konzentriertem Kamillentee. Man kann prophylaktisch verschiedene Wasserschalen verwenden, die mit jedem Wasserwechsel getauscht werden. Durch das regelmäßige Abtrocknen der Schalen können sich darin keine Bakterien kontinuierlich vermehren, wodurch die Infektionsgefahr sinkt.

Einige weitere grundsätzliche Überlegungen zur Vermeidung von Infektionen bei Terrarientieren finden sich bei Eisenberg (2003a, 2004a).

Darmvorfall bei *Theloderma stellatum* Foto: K. Kunz

Mit Hilfe eines angefeuchteten Q-Tips lässt sich ein Darmvorfall vorsichtig korrigieren Foto: K. Kunz

Der vorgefallene Darmabschnitt ist wieder vollständig im Unterleib des Froschs positioniert Foto: K. Kunz

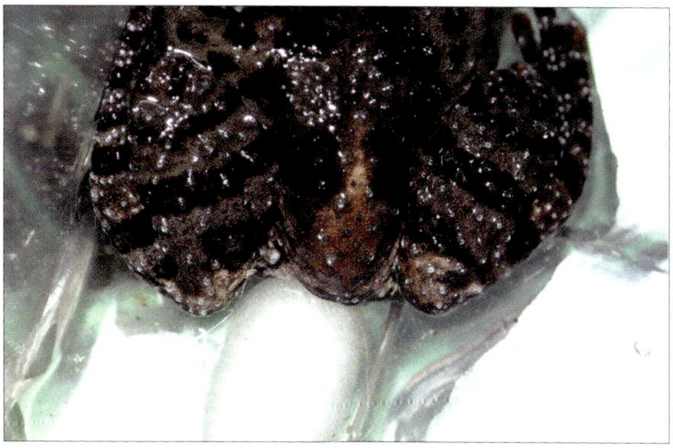

Eigentlich harmlose Futtermilben können sich bei Massenvermehrung negativ auf Moosfrösche auswirken
Foto: K. Kunz

Pilzbedingte Erkrankungen

Unter den Pilzerkrankungen der Amphibien hat der erst 1998 entdeckte Froschpilz *Batrachochytrium dendrobatidis* aus der Ordnung Chytridales die größte Bedeutung. Er verursacht sowohl bei in Menschenobhut gehaltenen als auch bei Amphibien aus Wildbeständen die mitunter seuchenhaft und verlustreich ablaufende Chytridiomykose und gilt als einer der wichtigsten Faktoren für das weltweite Amphibiensterben. Vermutlich nahm dieser Pilz in den 1930er-Jahren von Südafrika seinen Ausgang, weil von hier die ersten Exporte von Großen Krallenfröschen (*Xenopus laevis*) in die restliche Welt zu Versuchszwecken ausgingen (Weldon et al. 2004).

Dieser Pilz gilt in freier Wildbahn als unbehandelbar und daher gegenwärtig nicht zu stoppen. Er verursacht die vermutlich schlimmste je festgestellte Infektionskrankheit bei einer Wirbeltierklasse.

Der bei einem Temperaturoptimum von 17–25 °C ganz besonders drastisch in den Tropen wütende Pilz hat mittlerweile etliche Amphibienarten ausgelöscht und stellt auch in Tierbeständen in Zoos und privaten Haltungen eine der Hauptursachen für Tierverluste dar. Die Infektionen betreffen ausschließlich die Amphibienhaut, in der die Hornsubstanz Keratin abgebaut wird. Dadurch kommt es zu Symptomen wie Farbveränderungen, verdickter, stumpf wirkender Haut, vermehrter Hautablösung, Hautrötungen u. -entzündungen sowie Geschwüren, Blutungen und Juckreiz. Mitunter treten auch plötzliche Todesfälle, chronische Krankheitsanzeichen wie Auszehrung und Apathie, zentralnervöse Verhaltensauffälligkeiten, aber auch symptomloses Infektionsgeschehen oder einfach verzögertes Wachstum auf. Besonders prekär ist, dass der Pilz auch schon bei Kaulquappen auftritt, sich hier jedoch ausschließlich in den verhornten Bereichen des Schnabelmundes manifestiert und sich so auf Stadien nach der Metamorphose übertragen lässt. Der Schweregrad der Erkrankung ist positiv korreliert mit der Erregermenge und der Infektionsdauer, und die Schadwirkung des Erregers wird hauptsächlich durch einen Zusammenbruch des Wasser- und Elektrolythaushalts der Haut, eine Schädigung der Hautatmung und Schleimbildung der Amphibien und möglicherweise auch durch Toxine bedingt. Aber nicht alle Amphibienarten erkranken gleichförmig, sondern es bestehen unterschiedliche Empfänglichkeiten, die vornehmlich durch folgende Ursachen begründet sein können:

- Antimikrobielle Hautpeptide hemmen den Pilz in der Haut mancher Amphibienarten (Rollins-Smith & Conlon 2005)
- Variationen in der Virulenz (=„Aggressivität") verschiedener Stämme des Pilzes (Berger et al. 2005)
- Variationen in der bakteriellen Begleitflora der Amphibien (Brucker et al. 2008). So hemmen manche Bakterienarten auf der Haut der Amphibien das Wachstum des Froschpilzes.
- Andere Infektionserreger, wie Viren oder Bakterien, oder Umweltfaktoren, die die schädigende Wirkung des Pilzes unterstützen.
- Ausbildung eines Wirt-Erreger-Gleichgewichts, beispielsweise durch die Produktion von Antikörpern.

Es ist belegt, dass der Froschpilz in Wasser über 4–7 Wochen überlebt. Daher besteht auch in privaten Haltungen eine Gefahr der Kontamination und Verschleppung durch Abwässer in die Natur. Aus diesem Grunde raten wir, jegliche Abwässer vor dem Wegschütten zu desinfizieren. Zum vollständigen Abtöten infektionsfähiger Stadien des Froschpilzes an Händen, Einrichtungsgegenständen und Abwasser eignen sich beispielsweise folgende Desinfektionsmittel und Einwirkzeiten (Johnson et al. 2003; Anonymus 2006): Benzalkoniumchlorid (1 mg/ml Desinfektionslösung) für 20–30 Sekunden, Natriumhypochlorit (> 1 % Endkonzentration von Chlor-Bleichlauge; Achtung, starker Geruch!) für 30 Sekunden, Ethanol (70%ig; zur Händedesinfektion) für 30 Sekunden angewandt oder vollständige Austrocknung sowie Temperatureinwirkung von 37 °C über vier Stunden oder 60 °C über fünf Minuten in Terrarien oder deren Einrichtung. Besonders effektiv und im Vergleich zu Natriumhypochlorid weniger umweltbedenklich und weniger toxisch für Amphibien ist eine Desinfektion gegen den Chytridpilz durch kleinste Mengen der Desinfektionsmittel „TriGene Virucidal Disinfectant Cleaner" und „F10 Super Concentrate Disinfectant" (Webb et al. 2007). Vor dem erneuten Kontakt von Tieren mit auf diese Weise desinfizierten Einrichtungsgegenständen oder Terrarien sollten diese gründlich mit Klarwasser gespült worden sein.

Die geschilderten Umstände lassen erkennen, dass selbst bei der Hobbyhaltung von Amphibien heutzutage Maßnahmen ergriffen werden sollten, die in Nutztierbeständen schon lange üblich sind. Dazu gehören eine regelmäßige Reinigung und Desinfektion sowie im Optimalfall eine Quarantäne und Gesundheitskontrolle (Eisenberg 2003a), wenn Neuzugänge zu einem schon existierenden Bestand hinzugefügt werden sollen. Es hat sich bewährt, bei der Planung neuer Anlagen das „Einbahnstraßenprinzip" zu beachten. Das bedeutet, dass der Fluss des gebrauchten Wassers immer nur in eine Richtung und nie rückwärts erfolgt: Das

Vorsicht!

In Zeiten des für Amphibien tödlichen Pilzes *Batrachochytrium dendrobatidis*, der nicht nur Freilandpopulationen, sondern auch Terrarienbestände in kürzester Zeit dahinraffen kann, sind größtmögliche Hygienemaßnahmen anzuraten. In vielen Labors und professionellen bis semiprofessionellen Zuchten wird daher mit Einmalhandschuhen gearbeitet, die zwischen den verschiedenen Becken gewechselt werden müssen. Aber Achtung, Handschuhe aus Latex, Nitril und Vinyl sondern Stoffe ab, die für Amphibienkaulquappen (nicht für bereits umgewandelte Jungfrösche oder Adulti) tödlich giftig sein können (Cashins et al. 2008)! Für Arbeiten an Becken mit Kaulquappen sind, wenn überhaupt, von den genannten Typen lediglich Handschuhe aus Vinyl zu verwenden, jedoch nur, wenn sie vorher gründlichst abgewaschen wurden.

über Sprühanlagen zugeführte Wasser verlässt das Terrarium, ohne mit anderen Terrarien/Tieren in Berührung zu kommen. Auf diese Weise lassen sich Infektionsketten wirkungsvoll unterbrechen.

Neben dem Chytridpilz existiert auch eine Reihe ubiquitär (überall) im aquatischen Lebensraum vorkommender Pilzarten, die bei verletzten, erkrankten oder anderweitig immungeschwächten Amphibien zu sogenannten opportunistischen Erkrankungen führen können (vornehmlich bei aquatilen Arten). Die klinischen Symptome sind vielfältig und umfassen Lethargie, Nahrungsverweigerung oder andere unspezifische Krankheitssymptome. Manchmal sieht man den Tieren äußerlich den Pilzbefall an, nämlich wenn Hautareale einen schimmelähnlichen Belag, verdickte oder getrübte Hautpartien oder Geschwüre aufweisen. Beispiele für solche Pilzinfektionen von Amphibien sind die „Wasser-", „ oder „Fischschimmel" *Saprolegnia* spp. und verwandte Arten (taxonomisch umstritten, ob es sich wirklich um Pilze handelt), die auch bei Kaulquappen oder Laich auftreten können. Eine Behandlung kann mit desinfizierenden Farbstofflösungen wie Methylenblau oder Malachitgrün versucht werden, verspricht aber meistens wenig Erfolg. Dagegen ließen sich in Gruppen betroffener Kaulquappen von *Theloderma stellatum* und *T. gordoni* – die in dieser Hinsicht empfindlicher als *T. corticale* sein sollen – gute Heilerfolge sowohl mit Eichenlaub als auch mit Erlenzapfen oder *Sphagnum*-Moos und sogar mit schwarzem Tee als Wasserzusätzen erzielen (I. Dunce, schriftl. Mittlg.). Wir interpretieren dies im Sinne einer dadurch grundsätzlich verbesserten Wasserqualität, warnen aber wegen der Kreislauf und Nieren beeinflussenden Wirkung des Coffeins grundsätzlich vor dem Einsatz von schwarzem Tee.

Der Praxistipp
Gute Erfahrungen hat man im Aquazoo bei der Behandlung von kleineren Verletzungen bei *T. corticale* und *T. bicolor* mit frischem Saft einer *Aloe-vera*-Pflanze gemacht. Die zu behandelnden Tiere werden etwas trockener gesetzt, und auf Einrichtungsgegenstände wird verzichtet. Täglich wird dem Frosch der frisch von der Pflanze genommene Saft wie eine Salbe auf die Wunde gegeben.
Die verwendeten Pflanzen werden bereits über Jahre hinweg gepflegt, sodass die Kontaminierung des Pflanzensaftes mit Schadstoffen (Spritzmittel u. Ä.) auszuschließen ist.

Ferner existieren Erkrankungen durch pigmentbildende Pilzarten (sogenannte „Chromomykosen") wie *Cladosporidium* spp., *Hormiscium* spp. und *Phialaphora* spp. Eine Therapie ist wegen einer möglichen Infektionsgefahr des Menschen fragwürdig. Die sogenannte Phyco- oder Mucormykose wird durch Pilzarten wie *Mucor amphibiorum*, *M. circinelloides*, *Basidiobolus ranarum* und *Rhizopus* spp. hervorgerufen. Davon abzugrenzen, aber ebenfalls gelegentlich bei Amphibien auftretend, sind Pilzinfektionen durch *Aspergillus* ssp. oder *Fusarium* spp. Grundsätzlich muss bei Pilzinfektionen neben der Gewebeschädigung auch mit einer Schädigung des Gesamtorganismus durch Pilzgifte (Mykotoxine) gerechnet werden. Die sogenannte Ichthyosporidose soll dieses Kapitel beschließen. Die Art *Ichthyophonus hoferi* trat auch bei Schwanzlurchen im Freiland auf, besonders im Spätsommer.

Erkrankungen durch Parasiten

Parasitosen gehören zu den häufigsten Amphibienkrankheiten. Amphibien sind für viele Parasiten Zwischen- oder Endwirt. Auch Moosfrösche können eine Reihe von Parasiten beherbergen; die Diagnose wird in den meisten Fällen über eine parasitologische Kotprobenuntersuchung gestellt. Dazu setzt man den Frosch am besten für einige Stunden in einen angefeuchteten Plastikbecher und sendet den gefundenen Kot mit einigen Tropfen Wasser – dicht verschlossen – an die Untersuchungseinrichtung (Adresse: siehe „Weitere Informationen"). Es besteht eine grundsätzliche Einteilung in ein- und mehrzellige Parasiten. Da der Begriff des Parasitismus eine Wechselbeziehung be-

Besonders bei den versteckter lebenden und kleineren Arten wie *Theloderma stellatum* ist es oft schwierig, erste Krankheitssymptome zu erkennen. Bei diesem scheinbar gesunden Exemplar fielen nach einer Fotosession am Bildschirm getrübte Augen auf, was aufgrund der geringen Größe des Tiers zuvor nicht festgestellt worden war. Somit konnte eine letztlich erfolgreiche antibakterielle Behandlung eingeleitet werden. Foto: K. Kunz

schreibt, die nur für den Parasiten von Vorteil ist, sollte man stets bestrebt sein, nachgewiesene Parasiten zum Wohle ihrer Wirte, also der Frösche, zu bekämpfen.

Unter den Einzellern seien bei Amphibien solche erwähnt, die die äußere Haut, die Kiemen, die Blutzellen, die Muskulatur und innere Organe oder den Magen-Darm-Trakt parasitieren und auf diese Weise symptomlose Verläufe bis hin zu schweren akuten oder chronischen Allgemeininfektionen verursachen können (siehe Kasten S. 108). Eine Übertragung erfolgt bei manchen Arten direkt von Tier zu Tier oder über belebte oder unbelebte Vektoren. In anderen Fällen, wie bei den Blutparasiten, geschieht sie in der Regel über Egel als Zwischenwirte. Nicht alle nachgewiesenen Einzeller sind Parasiten, sondern es finden sich auch ausschließlich frei lebende Formen auf den Körperoberflächen oder im Darmlumen (sogenannte Kommensalen). Bei im Magen-Darm-Trakt nachgewiesenen Parasiten bleibt zu berücksichtigen, dass es sich auch um solche von Beuteinsekten handeln kann, sogenannte Pseudoparasiten.

Unter den mehrzelligen Parasiten sind zunächst die Würmer zu besprechen. Es gibt hier Band-, Saug- und Rundwürmer. Band- und Saugwürmer werden zusammen als Plattwürmer bezeichnet und weisen hinsichtlich ihres Bauplanes Ähnlichkeiten zueinander auf (kein durchgängiger Darmkanal, oft Entwicklung über einen oder mehrere Zwischenwirte). Amphibien können auch selbst Zwischenwirte solcher Würmer von anderen Wirbeltieren sein. Ein Beispiel hierfür sind die Spargana. Das sind unter der Froschhaut befindliche Bandwurmlarven, die durch das Auflegen toter Frösche

Hier ist eine Augenentzündung, die infolge umfangreicher Wasserwechsel auftrat, bereits weit vorangeschritten. Der betroffene Vietnamesische Moosfrosch hält seine Augen geschlossen. Foto: T. Eisenberg

auf die Augen menschlicher Patienten im Rahmen der traditionellen chinesischen Medizin ins menschliche Auge übertreten.

Bei Berücksichtigung zahlreicher einwirtiger Ausnahmen sind Plattwurminfektionen bei Amphibien in der Regel selbstlimitierend, wenn nicht gerade ein Massenbefall vorliegt, weil die passenden Zwischenwirte unter Terrarienbedingungen fehlen und sich so das Wirt-Parasit-Gleichgewicht nicht zugunsten des Parasiten verschiebt. Solche Infektionen sollten aber im Rahmen der schon beschriebenen Quarantäne-Kotuntersuchung bemerkt und therapiert werden, weil durch die Körperwanderung derartiger Parasiten oder ihrer Larven lokale Organschäden auftreten können. Bei vielen solchen Darmparasiten bestehen zudem Gefahren einer Auszehrung durch Nahrungsentzug, einer mechanischen Schädigung der Darmschleimhaut bei der Anhaftung oder sogar einer Behinderung der Darmpassage. Gegenüber der meist mehrwirtigen und zahlenmäßig bei Amphibien deutlich überwiegenden Gruppe der sog. digenen Saugwürmer finden sich unter den monogenen Trematoden auch Arten mit direktem Entwicklungszyklus (*Polystoma*, *Sphyranura*), die vornehmlich in der Harnblase zu finden sind. Saugwürmer der Gattungen *Ribeiroia* und *Manodistomum* wurden für auftretende Hinterbeindeformationen bei Amphibien verantwortlich gemacht.

Zwar sind die sog. Kratzer (Acanthocephala) nicht näher mit dem zuvor genannten Tierstamm verwandt, aber sie ähneln den mehrwirtigen Plattwürmern in vielerlei Hinsicht, da sie keinen Darmkanal besitzen und Nährstoffe über die Körperwand aufnehmen und auch Zwischen- sowie Transportwirte im Entwicklungszyklus einschalten. Allerdings sind sie getrenntgeschlechtlich. Es handelt sich bei Befall um Infektionen von Wildfängen.

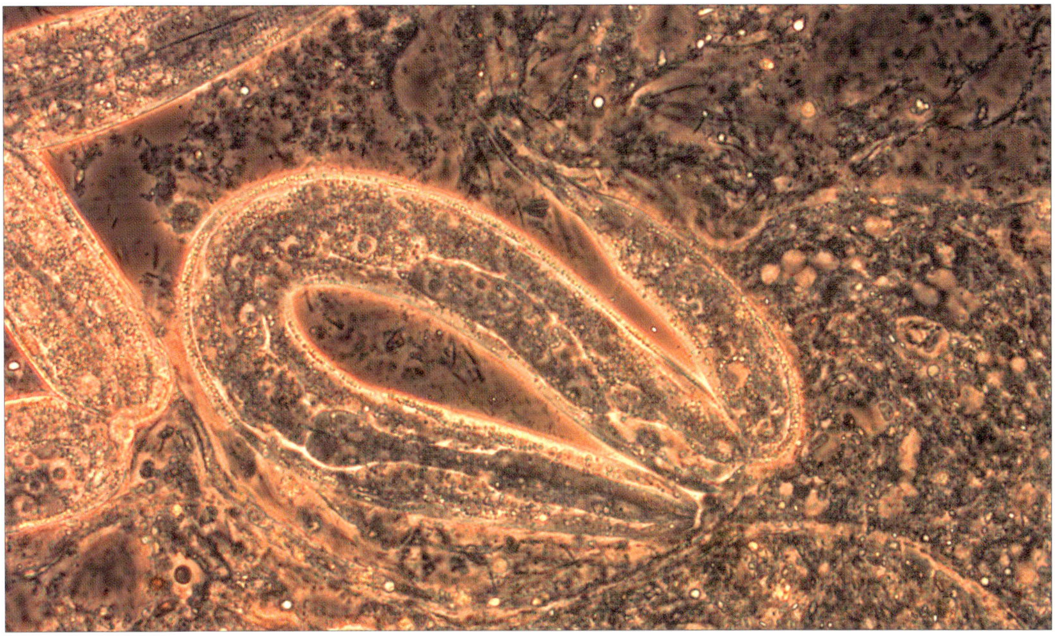

Wurmlarve vom Strongyloides-Typ aus dem Darmlumen eines Vietnamesischen Moosfrosches, nativ 100-fache Vergrößerung Foto: T. Eisenberg

Die weitaus größte parasitologische Bedeutung kommt bei Amphibien den Rundwürmern (Nematoda) zu, und hier sind Arten mit direktem (*Pseudocapillaria*) und solche mit indirektem Entwicklungszyklus bekannt. Gerade die Arten ohne Zwischenwirt sind terraristisch bedeutsam, weil sie sich in Zuchten anreichern und so die Parasitenbürde ständig erhöhen. In diese Gruppe gehören aber auch die Lungenwürmer (*Rhabdias*, *Entomelas*), die oft bei Amphibien in Menschenobhut auftreten (Eisenberg & Pantchev 2009). Sie können als adulte Parasiten zu massiven Beeinträchtigungen der Atmung führen oder eine Wegbereiterfunktion für andere virale oder bakterielle Infektionen übernehmen (Pasmans et al. 2008). Andere Frosch-Nematoden wie *Pseudocapillaria xenopi* schädigen die Haut und verursachen hier Blutungen, vermehrte Häutungen und Schleimsekretionen, oder sie leben als Filarien (*Icosiella*, *Foleyella*) unter der Haut oder in der Leibeshöhle und entlassen ihren Nachwuchs als sog. Mikrofilarien in das Blut des Wirtes. Die Symptome und Schadwirkungen der Rundwürmer können also auf bestimmte Organsysteme beschränkt sein oder den mehr oder weniger unspezifischen der Plattwürmer entsprechen. Nicht selten werden auch Darmvorfälle durch Wurmbefall verursacht. Die bislang bei Moosfröschen nachgewiesenen Gattungen von Nematoden im Magen-Darm-Trakt, *Cosmocerca* und *Neocapillaria*, waren ein Nebenbefund bei verstorbenen Tieren ohne klinische Symptomatik.

Jede der genannten Wurminfektionen ist durch spezifische Medikamente zu therapieren; bei Arten ohne Zwischenwirt ist die Desinfektion der Umgebung (Terrarium) unumgänglich, um eine erneute Infektion zu vermeiden.

Im Gegensatz zu den im Körperinnern lebenden und deshalb als Endoparasiten bezeichneten Würmern sind die Ektoparasiten solche, die die Körperoberfläche als Lebensraum erschlossen haben. Eine Mixtur aus beiden Formen praktizieren die Egel, die neben der Oberfläche auch Körperhöhlen besiedeln, Blut saugen und – wie schon geschildert – ihrerseits einzellige Parasiten übertragen können. Die andere große Gruppe der Ektoparasiten stellen die Gliedertiere (Arthropoda) dar, die in Form von Zecken, Milben (auch in Körperhöhlen) oder Krebstieren („Karpfenläuse“) an Amphibien Schadwirkungen entfalten, weil sie Blut oder Lymphe saugen, Eintrittspforten für Sekundärinfektionen setzen oder massiven Stress auslösen können. Unter den Insekten gibt es Fliegen, die bei Froschlurchen parasitieren (*Bufolucilia*, *Batrachomyia*) und durch Gewebezerstörungen durch die Fliegenmaden Todesfälle verursachen können. Die schließlich mittlerweile ebenfalls zu den Arthropoden zählenden Zungenwürmer (Pentastomida) kommen auch bei Amphibien vor, nutzen diese aber häufiger als Zwischenwirte und sind deshalb in Zuchten selten. Sie seien hier vor allem wegen ihres zoonotischen Potenzials erwähnt, können also auf den Menschen übergehen.

Übersicht über die Vielfalt parasitisch relevanter Organismen bei Amphibien
(in Klammern jeweils die wichtigsten parasitischen Arten und ihre taxonomische Einteilung)

Einzellige Parasiten:
äußere Haut: (Mesomycetozoea[1] [früher Haplosporidien]: *Amphibiocystidium* spp.[Z!])
Kiemen: (Flagellaten: *Oodinum* spp., *Charchesium* spp.; Ziliaten: *Trichodina* spp., *Chilodonella* spp.)
Blutzellen: (Flagellaten: *Trypanosoma* spp.; Apicomplexa: *Dactylosoma* spp., *Lankesterella* spp., *Hepatozoon* spp.)
Muskulatur und innere Organe: (Myxozoa[2]: *Leptotheca* spp., *Myxobolus* spp., *Myxosoma* spp., *Henneguya* spp., *Myxidium* spp., *Hoferellus* spp.; Microsporidia[1]: *Glugea* spp., *Pleistophora* spp.)
Verdauungsorgane (Magen-Darm-Trakt) in Form von
Flagellaten (ohne Bedeutung)
Opalinen (ohne Bedeutung)
Ziliaten (*Colpidium* spp., *Tetrahymena* spp., *Haptophrya* spp.)
Amöben (*Entamoeba ranarum*), Limax-Amöben, *Naegleria* spp.[Z!]
Apicomplexa (*Eimeria* spp., *Isospora* spp.)

Mehrzellige Parasiten:
Haut und Lymphgewebe: (Nematoda: *Pseudocapillaria* spp., *Icosiella* spp., *Foleyella* spp.)
Kiemen: (Trematoda: *Sphyranura*)
Blut: (Nematoda: Mikrofilarien von *Icosiella* spp., *Foleyella* spp.)
Innere Organe: (Cestoda: Spargana [(Z!)]; Trematoda: *Polystoma*, *Sphyranura;* Nematoda: *Rhabdias* spp., *Entomelas* spp.)
Verdauungsorgane (Magen-Darm-Trakt) in Form von
Trematoda: *Prosotocus* spp., *Cercorchis* spp.
Cestoda: *Nematotaenia* spp., *Chlamydocephalus* spp., *Ophiotaenia* spp.
Nematoda: *Camallanus* spp., *Cosmocerca* spp., *Neocapillaria* spp.
Acanthocephala: *Acanthocephalus* spp.
Pentastomida (*Raillietiella indica*) [Z!]

[Z!] zoonotisches Potenzial nachgewiesen (z. T. nach Hassl & Hassl 1988); [(Z!)] zoonotisches Potenzial nur bei Verzehr roher Amphibien oder durch in Europa unübliche medizinische Praktiken; ungefestigter taxonomischer Status: [1] Microsporidia Mesomycetozoea, Verwandtschaft zum Reich der (parasitischen) Pilze; [2] Myxozoa, heute zu den Nesseltieren gerechnet

Missbildungen

Dieses Kapitel wäre nicht abgeschlossen, ohne das Streichholzbeinchen-Syndrom zu erwähnen, das wir leider auch schon bei der Aufzucht von *Theloderma*-Kaulquappen beobachten mussten. Dabei handelt es sich um eine Entwicklungsstörung, die bei allen larvalen Amphibien außer den beinlosen Blindwühlen auftreten kann und bei der eine Unterentwicklung von Knochen und Muskulatur an den Gliedmaßen, meistens den Vorderbeinen, vorliegt. Beim Landgang können solche Frösche nicht richtig sitzen und fressen und bleiben von Anfang an in der Entwicklung zurück oder sind gar nicht lebensfähig. Es können einzelne Individuen eines Geleges und sogar alle Nachkommen betroffen sein. Oft tritt das Streichholzbeinchen-Syndrom bei Züchtern schubweise auf und verschwindet ebenso. Gelege eines Züchters, dessen Jungtiere Probleme mit Streichholzbeinchen hatten, entwickelten sich bei einem anderen Züchter unter dessen Obhut völlig normal (Österdahl 2002). Eine einseitige Ernährung der Kaulquappen mit Fischflockenfuttern wurde zunächst für diesen Zustand verantwortlich gemacht. Es ist aber eher wahrscheinlich, dass es sich hierbei um ein Geschehen mit vielen Ursachen handelt, denn es werden immer wieder verschiedene Umstände genannt, die das

Auftreten der Missbildungen zumindest teilweise reduzieren konnten. Dies waren beispielsweise der Einsatz von UV-Licht bei Kaulquappen oder Adulti, eine gleichmäßige und nicht zu hohe Aufzuchttemperatur (< 24 °C; MUTSCHMANN 1998), Kaulquappenwasser mit Zusätzen von Vitaminen wie A, B-Komplex (Folsäure, s. u.) und D_3 oder Algen (MUTSCHMANN 1998; WRIGHT & WHITAKER 2001; KOWALSKI 2007) sowie eine optimierte Haltung und Zuchtkondition der Elterntiere (bspw. ausreichende Supplementierung mit Mineralstoffen und Vitaminen, Vermeiden von Stress und Inzuchteffekten). Streichholzbeine treten nicht – wie man lange glaubte – nur unter Terrarienbedingungen auf, sondern wurden ohne bekanntes Ausmaß auch gelegentlich in freier Wildbahn beobachtet. Als weitere mögliche Ursachen werden Toxine (vielleicht auch solche, die im Trinkwasser sporadisch auftreten, ohne einen sichtbaren Effekt auf die menschliche Gesundheit auszuüben), Verletzungen und genetische Störungen diskutiert (WRIGHT & WHITAKER 2001).

Möglicherweise liegt dem Streichholzbeinchen-Syndrom auf molekularer Ebene folgendes Problem zugrunde, das auch für ein ähnliches Krankheitsbild beim Menschen, die sog. *„spina bifida"*, ursächlich ist (H. CLAESSEN, http://www.thebdg.org/library/illnesses/spindleleg1.htm): Aus den Untersuchungen von T. WÖHRMANN über Streichholzbeinchen weiß man, dass 1) die Schilddrüse betroffener Larven normal ausgebildet ist; 2) die Vorderbeinmuskulatur atrophisch (= unterentwickelt) ist und 3) der Rückenmarkskanal einen unvollständigen Schluss aufweist (WÖHRMANN 2003). Der letzte Schritt dazu sowie die Ausbildung der Vordergliedmaßen werden normalerweise durch ein Gen gesteuert, das sog. Homöobox-Gen (XLHBox). Dieses Gen soll bei Amphibien mit Streichholzbeinchen gestört sein, was sich experimentell im Labor belegen ließ. Die Störung dieses Gens lässt sich

Neben Streichholzbeinchen können in sehr seltenen Fällen auch andere Missbildungen vorkommen. Hier ein missgebildeter Hinterfuß bei einem Jungtier von *Theloderma corticale*. Foto: K. Kunz

theoretisch durch jegliche Faktoren, wie sie weiter oben skizziert sind, in einer bestimmten sensiblen Entwicklungsphase auslösen. Einmal gestartet, läuft die Entwicklung dann unumkehrbar in Richtung der Entwicklungsstörung ab. Beim Menschen lässt sich die Genstörung durch prophylaktische Gaben von Folsäure und Vitamin E verhindern. Ob diese Substanzen auch die Missbildung beim Frosch beeinflussen, muss noch näher untersucht werden.

Unabhängig davon beobachteten wir vereinzelt auch ein weiteres Problem, das bei Kaulquappen auftreten kann, bis jetzt aber noch nicht eindeutig geklärt oder gar behandelbar ist. Es handelt sich um „hydropsähnliche" Symptome einzelner Larven: Dabei schwellen die Larven stark an, die Tiere wirken dann nicht mehr schwarz, sondern transparent. Die Prognose solcher Larven für eine Vollendung ihrer Entwicklung ist teils schlecht, teils gehen die Symptome auch schlagartig zurück. Möglicherweise stellen hier individuelle Anomalien im Bereich der Kiemenbögen die Ursache dar.

Thelodermen in der Schule

Heutzutage sind dem naturnahen Unterricht enge Grenzen gesetzt, und so mancher Lehrer verzichtet darauf, seinen Schülern die spannende Umwandlung vom Ei über die Kaulquappe bis hin zum fertigen Froschlurch am lebenden Tier vorzuführen, weil mit der Entnahme heimischer Amphibien gewisse rechtliche Auflagen verbunden sind – einmal davon abgesehen, dass sich unsere Frösche und Kröten mit dem Ablaichen zeitlich nicht unbedingt an den Lehrplan halten müssen. Thelodermen, insbesondere die spektakulären und für ein Schulterrarium geradezu prädestinierten *T. corticale*, bieten hier eine ganz hervorragende Alternative: Die Adulti sind das ganze Jahr über sehr einfach sowie ohne großen Aufwand zu pflegen und lassen sich praktisch zu jedem beliebigen Zeitpunkt zur Nachzucht bewegen – ein bisschen Glück vorausgesetzt. Die Pflege der Kaulquappen verlangt ebenfalls keine außergewöhnlichen Anstrengungen, und die großen, beeindruckenden Larven machen die Beobachtung der Entwicklungsschritte sehr einfach.

Schon die Jüngsten lieben Moosfrösche! Foto: K. Kunz

Auch in der zoopädagogischen Arbeit des Aquazoos haben sich Larven und Frösche von *T.-corticale*-Larven sowie adulte Frösche sehr bewährt. An ihnen können die Kinder nicht nur den Entwicklungszyklus der Frösche nachvollziehen, sondern auch den hochinteressanten Aspekt der Tarnung. Außerdem macht der Vietnamesische Moosfrosch als Vertreter einer überaus bedrohten Tiergruppe, den Amphibien, auf das Aussterben dieser Lebewesen und die damit zusammenhängende Umweltproblematik aufmerksam. Dieser interessante und schöne Frosch ist für all dies der ideale Botschafter!

Ausblick

Wir stehen erst am Anfang unserer Kenntnisse über Biologie, artgerechte Haltungsbedingungen und Vermehrung von *Theloderma.* Noch zu jung ist die terraristische Beschäftigung mit diesen faszinierenden Tieren, um hier etwa Routine oder gar Langeweile aufkommen zu lassen. Im Gegenteil bleibt die Pflege dieser Tiere ein extrem spannendes und – besonders unter artenschützerischen Gesichtspunkten – lohnendes Hobby. Viel gilt es noch zu optimieren und zu erforschen, ob nun in Bezug auf die terraristische Seite oder in Hinsicht auf die Lebensweise dieser Tiere. Dass so spektakuläre und bei Froschlurchen doch relativ selten beobachtete Verhaltensweisen wie das visuelle Kommunizieren mit den Hinterbeinen (bei *T. asperum*) oder das Vibrieren der Zehen angesichts von Beute (*T. asperum*, *T. corticale*, *T. leporosum*) bei dieser Gattung nachgewiesen werden konnten, ist ja erst ein Anfang. Möglicherweise kommen diese und weitere besondere Eigenheiten auch bei den anderen Arten vor. Und Rätsel wie das um die Festlegung des Geschlechts bei Moosfröschen oder um den markanten Unterschied zwischen Männchen und Weibchen bei *T. ryabovi* sowie den eigentümlichen Geruch der Weibchen dieser Art sind nach wie vor ungeklärt. Es bleibt also noch viel zu entdecken ...

Der Ausblick auf die weitere Erforschung und Erhaltungszucht der Thelodermen bietet noch viel Spannung!
Foto: K. Kunz

Tauschen Sie niemals Einrichtungsgegenstände aus einem Moosfrosch-Terrarium aus, ohne sie vorher gründlich abzusuchen ... Foto: K. Kunz

Dank

Kriton Kunz

Sehr herzlich danken möchte ich zuerst meinen geschätzten Mitautoren, die ich für dieses Buch gewinnen konnte: Sandra Honigs für den ständigen Erfahrungsaustausch und ihr Engagement bei der Erhaltungszucht verschiedener Arten von Moosfröschen, außerdem natürlich für die äußerst angenehme Zusammenarbeit an diesem Buch. Dr. Tobias Eisenberg kooperiert von Anfang an mit mir in der Erhaltungszucht von *T. corticale*, ging dabei mit mir durch dick und dünn, untersuchte Neuzugänge parasitologisch und unterstützte mich auch sonst in vielfältigster Weise – herzlichen Dank dafür.

NTV-Kollege Axel Kwet, Ulmar Grafe und insbesondere einmal mehr Mirko Barts halfen mir sehr bei Literaturrecherchen. Dieter Emmerich verdanke ich viele Informationen. Sebastian Wolf mailte mir den Befund eines verstorbenen Exemplars von *T. corticale*. Mit Ivan Arinin, ehemals Mitarbeiter im Exotarium Tula, stehe ich seit Jahren im ständigen Austausch über *Theloderma* und danke ihm viele wichtige Informationen, vor allem natürlich zu *T. gordoni* – auch Bilder zu dieser Art stellte er zur Verfügung; außerdem las er das Manuskript kritisch und brachte wichtige Hinweise ein. Anna Lebedeva vom Exotarium Tula leitete mir Bilder von *T. ryabovi* weiter, die von Alexei A. Evsyunin stammen. Ilze Dunce vom Zoo Riga steuerte interessante Einblicke in die Haltungsbedingungen ihrer *T. gordoni* und *T. stellatum* bei. Aufschlussreiche Bemerkungen zu den malaysischen Thelodermen und *Nyctixalus* erhielt ich von Hans Kam. Corey Wickliffe schrieb mir Informationen über Haltung und Nachzucht von *T. licin*. Dr. Thomas Ziegler stellte mir ebenso wie David S. McLeod Fotos von *T. licin* zur Verfügung und vermittelte ein aufschlussreiches Treffen mit Sergei Ryabov (s. u.). Igor Mokobodzki verdanke ich interessante Informationen über seine *Theloderma*-Haltung. Von Wolfgang Grossmann stammt das Bild aus dem Lebensraum von *T. horridum*. Truong Nguyen verdanke ich Informationen über die vietnamesischen Arten, Ho Thu Cuc Bilder aus deren Lebensraum sowie ein Foto von *Theloderma ryabovi*, Raoul H. Bain Fotos von *T. rhododiscus* und *T. lateriticum*, Ermi Zhao und seiner Tochter Hui Zhao Fotos des Typen von *T. kwangsiense*. Jing und Marcel Brenner übersetzten freundlicherweise die Erstbeschreibung von *T. kwangsiense*, besten Dank dafür. Matthias Götz vom Durrell Wildlife Conservation Trust verdanke ich interessante Informationen zur dortigen Haltung von *T. stellatum*. Ganz besonders zu Dank verpflichtet aber bin ich einem der besten Kenner der Gattung überhaupt, Sergei Ryabov, Direktor des weltberühmten Exotariums Tula, das sich auch und gerade bei der Nachzucht von Thelodermen einen Namen gemacht hat. Er vermittelte mir nicht nur sehr interessante und wichtige Informationen, sondern las auch das Manuskript zu diesem Buch vorab kritisch und brachte sein reiches Wissen ein.

Allen Genannten gilt mein herzlichster Dank – ebenso natürlich auch allen, von denen ich Exemplare der Gattung *Theloderma* erwerben konnte, insbesondere Ilze Dunce und Guna Vitola, Sergei Ryabov, Dieter Emmerich, Christopher Short, Miguel Gonzales, Igor Mokobodzki, Lukasz Sulowski, Leonhard Schaudi, Dario Trautmann und Jürgen Schick, Jürgen Hoch und Claudia sowie Frank Schneider.

***Theloderma asperum* aus Malaysia** Foto: K. Kunz

Sandra Honigs

Mein besonderer Dank, auch im Namen meiner Kolleginnen und Kollegen des Aquazoo – Löbbecke Museum Düsseldorf, gilt unserem im Jahr 2008 verstorbenen Oberbürgermeister Joachim Erwin, der den Grundstein für das Amphibienprojekt des Institutes legte und dieses somit erst möglich machte. Leider konnte er unseren Erfolg in der Nachzucht dieser Tiere nicht mehr miterleben. Das Projekt wird jedoch durch Herrn Oberbürgermeister Dirk Elbers fortgesetzt, und unsere Bemühungen um den Artenschutz finden somit weiterhin Unterstützung. Außerdem danke ich unserem Direktor, Dr. W. W. Gettmann, dafür, dass er sich vom „Moosfroschfieber" anstecken ließ und wir den Tieren im Rahmen unseres Amphibienprojektes so viel Aufmerksamkeit entgegenbringen können. Ohne die Unterstützung und den außergewöhnlichen Einsatz meiner Kolleginnen und Kolle-

Wer ist hier eigentlich der Beobachtete, der Halter oder der Vietnamesische Moosfrosch? Foto: K. Kunz

gen der Tierpflege, die sich engagiert und mit Begeisterung für die Frösche einsetzen, wäre ein solches Projekt niemals möglich – ich danke euch! Ein besonderer Dank gilt den beiden Betreuern des Amphibienprojektes Beate Pelzer und Marc Meßing, die sich mit viel Einsatz und mit immer wieder neuen Ideen für das Projekt stark machen. Nicht zu vergessen ist der außergewöhnliche Einsatz eines privaten Halters, ohne dessen Hilfe so manches nicht möglich gewesen wäre, und der den Aquazoo in überdurchschnittlicher Weise unterstützt – Kriton, danke! Für die großartige Zusammenarbeit und die rasche Verwirklichung dieses Buches danke ich den Mitautoren ganz herzlich, Kriton Kunz und Dr. Tobias Eisenberg. Herrn Professor Dr. Hartmud Greven danke ich dafür, dass er sich in so wunderbarer Weise von meiner Begeisterung für die Thelodermen mitreißen ließ. Meinem Lebensgefährten Andreas Banse gilt mein ganz besonderer Dank für seine unermüdliche Hilfe und Geduld.

Tobias Eisenberg

Christian Langner stellte mir dankenswerterweise gratis sein Exemplar von *T. corticale* zur Verfügung. Dieses erwies sich trotz anfänglicher Zweifel wegen des Quakens (!) als Weibchen und verhalf mir erst so zu Erfahrungen mit der Nachzucht von Moosfröschen. Martin Haberkern und Dr. Nikola Pantchev erboten sich zu einer Durchsicht einer ersten Manuskriptfassung und gaben hilfreiche Kommentare und Vorschläge. Mit beiden pflege ich schon jahrelang Austausch über Frösche und deren Erkrankungen, und so ist vieles von diesen „bilateralen" Diskussionen hier mit eingeflossen und nun einem breiteren Publikum zugänglich. Frank Steinmann hat regelmäßig in Abwesenheitszeiten die fachkundige Pflege übernommen, ohne die mir die Erfolge mit Moosfröschen nicht vergönnt gewesen wären. Meiner Frau Mariam danke ich für die Freude an den „kleinen Moosfröschen" und das Verständnis, das sie mir entgegenbringt, wenn ich wieder mal im Keller mit meinen Tieren beschäftigt bin ... Kriton Kunz schließlich gebührt der größte Dank, denn er war es, der mich mit Begeisterung von der ersten Stunde an für diese faszinierenden Kreaturen erfüllt hat. Er hat sämtliche Kontakte geknüpft, weder Kosten noch Mühen gescheut und mich zu guter Letzt auch noch an dieses Buchprojekt herangeführt. Allen genannten Personen ein herzliches Dankeschön!

Gemeinsam

Sehr herzlich danken möchten wir dem Verleger des Natur und Tier - Verlags, Matthias Schmidt, für die Gelegenheit, dieses Buch veröffentlichen zu können. Heiko Werning, Chefredakteur der Fachmagazine REPTILIA, TERRARIA und DRACO, ließ geduldig jede Menge E-Mails zum Thema über sich ergehen. Mike Zawadzki lektorierte dankenswerterweise das Manuskript in gewohnt kompetenter Art. Vielen Dank auch an Nick Nadolny für das gelungene Layout.

Weitere Informationen

Zur Vertiefung der in diesem Buch gegebenen Informationen und zum tieferen Einblick in terraristische und herpetologische Themenbereiche empfehlen sich die Mitgliedschaft in einem Verein gleich gesinnter Terrarianer sowie ein intensives Literaturstudium. Die folgenden Auflistungen sollen dabei behilflich sein, einen Einstieg in die Thematik zu finden, können aber natürlich nur einen kleinen Ausschnitt aufzeigen.

Vereine und Interessengruppen

Die **Deutsche Gesellschaft für Herpetologie und Terrarienkunde** (DGHT; www.dght.de; DGHT e.V., Postfach 1421, 53351 Rheinbach, Tel.: 02225-703333, E-Mail: gs@dght.de) ist mit über 8.000 Mitgliedern die weltweit größte Gesellschaft ihrer Art und bringt Wissenschaftler und Hobbyherpetologen zusammen. Mitglieder erhalten verschiedene herpetologisch/terraristische DGHT-Zeitschriften und haben Zugriff auf ein Kleinanzeigen-Internet-Portal.

Innerhalb der DGHT existiert die **AG Anura**, die sich zumindest theoretisch auch mit Moosfröschen beschäftigt. Sie veranstaltet jährliche Fachtagungen. Kontakt über die DGHT-Geschäftsstelle. Das Erhaltungszuchtprojekt für *T. corticale* wird von Sandra Honigs koordiniert, Kontakt über Sandra.Honigs@duesseldorf.de.

Untersuchungsstellen

Kotproben, Sektionen und andere Untersuchungen können von spezialisierten Tierärzten oder von veterinärmedizinischen Untersuchungsstellen, die es in vielen Städten gibt, vorgenommen werden. Eine Liste mit Tierärzten, die sich mit Reptilien und Amphibien beschäftigen, kann über die DGHT bezogen oder auf www.dght.de eingesehen werden.

Die Firma „Herpetal" bietet auch fertige Kotproben-Sets an, die im Terraristik-Handel erhältlich sind und bei denen die Untersuchung im Kaufpreis enthalten ist.

Überregional bekannt sind z. B. folgende Einrichtungen:

Landesbetrieb Hessisches Landeslabor
Abteilung Veterinärmedizin
Schubertstraße 60 – Haus 13
35392 Gießen
Tel.: 0641-48005219
E-Mail: tobias.eisenberg@lhl.hessen.de
www.lhl.hessen.de

Exomed
Erich-Kurz-Str. 7
10319 Berlin
Tel.: 030-5112008
E-Mail: labor@exomed.de
www.exomed.de

***Theloderma stellatum* ist der bunteste terraristisch relevante Vertreter seiner Gattung** Foto: K. Kunz

Universität München
Institut für Zoologie, Fischereibiologie und Fischkrankheiten der tierärztlichen Fakultät
Kaulbachstr. 37
80539 München
Tel.: 089-2180-2687
E-Mail: office@zoofisch.vetmed.uni-muenchen.de
www.vetmed.lmu.de/zoofisch/

Chemisches und Veterinäruntersuchungsamt Ostwestfalen-Lippe
Westerfeldstr. 1
32758 Detmold
Tel.: 05231-9119
E-Mail: poststelle@cvua-owl.de
www.cvua-owl.de

Vet Med Labor GmbH
Mörikestraße 28/3
71636 Ludwigsburg
Tel.: 01802-838633
E-Mail: info@vetmedlabor.de
www.vetmedlabor.de
(für privat nur über Ihren Tierarzt)

Zeitschriften

REPTILIA, TERRARIA
Terraristik-Fachmagazine
erscheinen je sechs Mal jährlich,
mit Internetportal für Kleinanzeigen
Natur und Tier - Verlag GmbH
An der Kleimannbrücke 39/41
48157 Münster
Tel.: 0251-133390
E-Mail: verlag@ms-verlag.de
www.reptilia.de
www.terraria-online.de

DRACO
Terraristik-Themenheft
erscheint vier Mal jährlich
Natur und Tier - Verlag, s. o.

Sauria
Terraristik und Herpetologie
erscheint vier Mal jährlich
Terrariengemeinschaft Berlin e.V.
Bruno Treu, Christstr. 10
14059 Berlin
E-Mail: abo@sauria.de
www.sauria.de

DATZ
Die Aquarien- und Terrarien-Zeitschrift
erscheint monatlich
Verlag Eugen Ulmer
Wollgrasweg 41
70599 Stuttgart
www.datz.de

Ventralansichten von *Theloderma gordoni*
Foto: K. Kunz

Verwendete und weiterführende Literatur

Im Sinne einer besseren Lesbarkeit haben wir in diesem Buch auf das Zitieren ausgewerteter Literatur im Text weitestgehend verzichtet. Sie finden jedoch in der folgenden Zusammenstellung eine entsprechende Übersicht.

AmphibiaWeb: Information on amphibian biology and conservation. Online unter http://amphibiaweb.org/. (Stand: 15.8.2009)

ANONYMUS (2006): Background document for the threat abatement plan infection of amphibians with chytrid fungus resulting in chytridiomycosis. – Australian Government, Department of the environment and heritage, 64 S. Online unter http://www.environment.gov.au/biodiversity/threatened/publications/tap/pubs/chytrid-background.pdf (Stand: 17.2.2009)

AKERET, B. (2008): Pflanzen im Terrarium. Anleitung zur Pflege von Terrarienpflanzen, zur Gestaltung naturnaher Terrarien und Auswahl geeigneter Pflanzenarten. – Natur und Tier - Verlag, Münster.

AMÉZQUITA, A. & W. HÖDL (2004): How, when, and where to perform visual displays? The case of the Amazonian frog *Hyla parviceps*. – Herpetologica 60: 20–29.

AMPHIBIAWEB: Information on amphibian biology and conservation. 2010. online unter http://amphibiaweb.org/ – Berkeley, California (Stand: 11.06.2010).

ANNANDALE, N. (1912): Zoological results of the Abor Expedition (1911–1912). I – Batrachia. – Records of the Indian Museum 81: 1 36.

ARININ, I. (2009): Haltung und Nachzucht von *Theloderma gordoni* im Terrarium. – REPTILIA 77: 29–33.

BAIN, R.H. & Q.T. NGUYEN (2004): Herpetofaunal diversity of Ha Giang province in northeastern Vietnam, with descriptions of two new species. – American Museum Novitates 3453: 1–42.

BAKER, G.C., T.J.C. BEEBEE & M.A. RAGAN (1999): *Prototheca richardsi*, a pathogen of anuran larvae, is related to a clade of protistan parasites near the animal-fungal divergence. – Microbiology 145: 1777–1784.

BERGER, L., G. MARANTELLI, L.F. SKERRATT & R. SPEARE (2005): Virulence of the amphibian chytrid fungus *Batrachochytium dendrobatidis* varies with the strain. – Dis Aquat Organ. 68(1): 47–50.

BERTOLUCI, J. (2002): Pedal luring in the leaf-frog *Phyllomedusa burmeisteri* (Anura, Hylidae, Phyllomedusinae). – Phyllomedusa 1: 93–95.

BÖCKLE, M., D. PREININGER & W. HÖDL (2009): Communication in noisy environment I. Acoustic signals of *Staurois latopalmatus*. – Herpetologica 65(2): 154–165.

BOULENGER, G.A. (1903): Report on the Batrachians and Reptiles. S. 131–171 in: ANNANDALE, N. & H.C. ROBINSON (Hrsg.): Fasciculi Malayensis.

BRUCKER, R.M., R.N. HARRIS, C.R. SCHWANTES, T.N. GALLAHER, D.C. FLAHERTY, B.A. LAM & K.P. MINBIOLE (2008): Amphibian chemical defense: antifungal metabolites of the microsymbiont *Janthinobacterium lividum* on the salamander *Plethodon cinereus*. – J. Chem. Ecol. 34(11): 1422–1429.

Theloderma bicolor
Foto: K. Kunz

CALDWELL, J.P. & M.C. DE AURÚJO (1998): Cannibalistic interactions resulting from indiscriminate predatory behavior in tadpoles of poison frogs (Anura: Dendrobatidae). – Biotropica 30(1): 92–103.

CASHINS, S.D., R.A. ALFORD & L. SKERRATT (2008): Lethal effect of Latex, Nitrile and Vinyl Gloves on Tadpoles. – Herpetological Review 39(39): 298–301.

DAS, I. (2007): The Amphibians and Reptiles of Brunei. – Natural History Publications, Kota Kinabalu.

DELORME, M., A. DUBOIS, S. GROSJEAN & A. OHLER (2005): Une nouvelle classification generique et subgenerique de la tribu des Philautini (Amphibia, Anura, Ranidae, Rhacophorinae). – Bulletin Mensuel de la Societe Linneenne de Lyon 74(5): 165–171.

DUNCE, I. (o. J.): Husbandry guidelines for the Tonkin Bug-Eyed Frog *Theloderma corticale*. – Internes pdf der Amphibian and Reptile TAG der EAZA.

EISENBERG, T. (2003a): Wie sollte eine fachgerechte Quarantäne durchgeführt werden? – REPTILIA, 8(1): 66–71.

– (2003b): Erfahrungen bei der Pflege und Nachzucht des Rotaugenlaubfrosches *Agalychnis callidryas* (COPE, 1862). – elaphe N. F. 11(3): 23–32.

– (2004a): Prophylaxe statt Therapie – Haltungsbedingte Erkrankungen bei Terrarientieren vermeiden. – REPTILIA, 9(1): 16–25.

– (2004b): Der Blaue Pfeilgiftfrosch – *Dendrobates azureus*. – Natur und Tier - Verlag, Münster.

– & N. PANTCHEV (2009): Infection with *Rhabdias tokyoensis* (Nematoda: Rhabdiasidae) in European captive-bred swordtail newts, *Cynops ensicauda* (Amphibia: Salamandridae). – Salamandra 45(2): 91–94.

ERIKZÉN, M. (2008): Morse Toad: When amphibians tap their toes. – Online unter http://terrarium

morbidum.wordpress.com/2008/11/07/morse-toad-when-amphibians-tap-their-toes/. (Stand: 19.12.2008).

Evsyunin, A.A. (2009): Erfahrungen mit der Erstnachzucht von Ruderfröschen der Art *Theloderma horridum* im Exoterrarium der Stadt Tula. – REPTILIA 77: 34–36.

–, S. Ryabov & K. Kunz (in Vorb.): Erstnachzucht von *Theloderma leporosum*

Fei, L., S.-Q. Hu, C.-Y. Ye & Y.-Z. Huang (2009): Fauna Sinica. Amphibia. Volume 2. Anura. – Chinese Academy of Science, Science Press, Peking.

Frost, D. R. (2010): Amphibian Species of the World: an Online Reference. Version 5.4 (8 April, 2010). – Elektronische Datenbank, online unter http://research.amnh.org/vz/herpetology/amphibia – American Museum of Natural History, New York, USA.

Grafe, U.T. (2008): Toe Waving in the Brown Marsh Frog *Rana baramica*: Pedal Luring to Attract Prey? – Scientia Bruneiana 9: 3–5.

Grosjean, S., M. Delorme, A. Dubois & A. Ohler (2008): Evolution of reproduction in the Rhacophoridae (Amphibia, Anura). – Journal of Zoological Systematics and Evolutionary Research 46(2): 169–176.

Hagman, M. & R. Shine (2008): Deceptive digits: the functional significance of toe waving by cannibalistic cane toads, *Chaunus marinus*. – Animal Behaviour 75: 123–131.

Harkewicz, K.A. (2006): What's new in amphibian herpetoculture: care and husbandry of several species new to the pet trade. – Proceedings of the Annual Conference of the Association of Reptilian and Amphibian Veterinarians 13: 5–7.

Hassl, A. & D. Hassl (1988): Von Amphibien und Reptilien auf den Menschen übertragbare Parasitosen. – Herpetozoa 1(1/2): 47–53.

Hirschmann, W. & W. Hödl (2006): Visual signaling in *Phrynobatrachus krefftii* Boulenger, 1909 (Anura: Ranidae). – Herpetologica 62: 18–27.

Hödl, W. & A. Amézquita (2001): Visual signalling in anuran amphibians. – S. 121-141 in: Ryan, M. (Hrsg.): Anuran communication. – Washington, Smithsonian Inst. Press.

Inger, R.F., N. Orlov & I.S. Darevsky (1999): Frogs of Vietnam: A report on new collections. – Fieldiana: Zoology 92: 1–46.

IUCN, Conservation International & NatureServe: Global Amphibian Assessment. Online unter www.globalamphibians.org. (Stand: 19.12.2008).

– (2004): 2004 IUCN Red List of Threatened Species. Online unter www.iucnredlist.org (Stand: 1.8.2009).

Janzen, P. (2006): Fliegen als Futtertiere. – amphiba 5(2): 27–28.

Johnson, M., L. Berger, L. Philips& R. Speare (2003): In vitro evaluation of disinfectants and physical techniques against the amphibian chytrid, *Batrachochytrium dendrobatidis*. – Diseases of Aquatic Organisms 57: 255–260.

***Theloderma asperum* aus Malaysia** Foto: K. Kunz

Bereits recht weit entwickelte Kaulquappe von *Theloderma corticale* in ihrem Ei Foto: K. Kunz

KOWALSKI, E. (2007): Spindly leg syndrome, a review. – Leaf Litter 1(2): 28–31.

KUNZ, K. (2004): Der Zwergkrallenfrosch (*Hymenochirus boettgeri*). – Natur und Tier - Verlag, Münster.

– (2009): Wundersame Tarnkünster. Die Moosfrösche der Gattung *Theloderma*. – REPTILIA 77: 18–36.

KUZMIN, S.L. & D.N. TARKHNISHVILI (1997): Feeding of some anuran species of Vietnam. – Advances in Amphibian Research in the Former Soviet Union 2: 103–110.

LEONG, T.M. & K.K.P. LIM (2003): Herpetofaunal records from Fraser's Hill, Peninsular Malaysia, with larval descriptions of *Limnonectes nitidus* and *Theloderma asperum* (Amphibia: Ranidae and Rhacophoridae). – Raffles Bulletin of Zoology 51 (1): 123–136.

LI, J.T., J. CHE, R.H. BAIN, E.-M. ZHAO & Y.-P. ZHANG (2008): Molecular phylogeny of Rhacophoridae (Anura): A framework of taxonomic reassignment of species within the genera *Aquixalus*, *Chiromantis*, *Rhacophorus*, and *Philautus*. – Molecular Phylogenetics and Evolution 48(1): 302–312.

–, –, R.W. MURPHY, H. ZHAO, E.-M. ZHAO, D.-Q. RAO & Y.P. ZHANG (2009): New insights to the molecular phylogenetics and generic assessment in the Rhacophoridae (Amphibia: Anura) based on five nuclear and three mitochondrial genes, with comments on the evolution of reproduction – Molecular Phylogenetics and Evolution 53: 509–522.

MANTHEY, U. & W. GROSSMANN (1997): Amphibien und Reptilien Südostasiens. – Natur und Tier - Verlag, Münster.

Farbenprächtiger Verwandter der Thelodermen: *Nyctixalus pictus* Foto: K. Kunz

MATSUI, M. (1996): Call characteristics and systematic relationships of a Malayan treefrog *Nyctixalus pictus* (Anura, Rhacophoridae). – Herpetological Journal 6: 62–64.

MCLEOD, D.S. & N. AHMAD (2007): A new species of *Theloderma* (Anura: Rhacophoridae) from southern Thailand and peninsular Malaysia. – Russian Journal of Herpetology. 14(1): 65–72.

MURPHY, J.B. (1976): Pedal luring in the leptodactylid frog, *Ceratophrys calcarata* BOULENGER. – Herpetologica 32: 339–341.

MUTSCHMANN, F. (1998): Erkrankungen der Amphibien. – Parey/Blackwell, Berlin.

NGUYEN, Q.T. & V.K. NGUYEN (2008): First record of *Theloderma stellatum* TAYLOR, 1962 from Phu Quoc Island, Kien Giang Province, southern Vietnam. – Herpetology Notes 1: 61–62.

O'REILLY, J. (1994): Pedal movements in two ambystomatid salamanders. – Journal of Herpetology 28: 504–506.

O'REILLY, J.C., C.R. INFANTE, D.B. FENOLIO & S.M. DEBAN (2006): Prey Capture in „Macrophagous" Tadpoles. Online unter http://www.sicb.org/meetings/2006/schedule/abstractdetails.php3?id=923.

ORLOV, N.L. (1997): Die Theloderma-Arten Vietnams. – Herpetofauna, Weinstadt 19(110): 5–9.

– & E.M. RYBOLTOVSKY (1999): Die Vermehrung von *Theloderma corticale* (BOULENGER, 1903) im Terrarium. – Sauria 21(3): 17–20.

–, A. LATHROP, R.W. MURPHY & HO THU CUC (2001): Frogs of the family Rhacophoridae (Anura: Amphibia) in the northern Hoang Lien Mountains (Mount Fan Si Pan, Sa Pa district, Lao Cai province), Vietnam. –

Moosfrösche sind wundervolle Terrarienpfleglinge Foto: K. Kunz

Kaulquappe von *Theloderma asperum* kurz vor der Metamorphose Foto: K. Kunz

Russian Journal of Herpetology 8(1): 17–44.

–, S.K. Dutta, H.V. Ghate & Y. Kent (2006): New species of *Theloderma* from Kon Tum Province (Vietnam) and Nagaland State (India) [Anura: Rhacophoridae]. – Russian Journal of Herpetology 13(2): 135–154.

–, S.A. Ryabov, N.B. Ananjeva & A.A. Evsyunin (2010): Asian treefrogs of genus *Theloderma* Tschudi,1838 (Amphibia: Anura: Rhacophoridae: Rhacophorinae). – Zoological Institue, Russian Academy of Sciences, St. Petersburg.

Österdahl, L. (2002): Developments in the study of spindle leg syndrome. – Online unter http://www.thebdg.org/library/illnesses/spindleleg2.htm (Stand: 17.2.2009).

Pasmans, F., S. Blahak, A. Martel, N. Pantchev & P. Zwart (2008): Ranavirus associated mass mortality in imported red tailed knobby newts (*Tylototriton kweichowensis*): a case report. – Veterinary Journal 176: 257–259.

Preininger, D., M. Böckle & W. Hödl (2009): Communication in noisy environment II. Visual signaling behavior of male foot-flagging frogs *Staurois latopalmatus*. – Herpetologica 65(2): 166–173.

Radcliffe, C.W, D. Chiszar, K. Estep, J.B. Murphy & H.M. Smith (1986): Observations on pedal luring and pedal movements in leptodactylid frogs. – Journal of Herpetology 20(3): 300–306.

Rollins-Smith, L.A. & J.M. Conlon (2005): Antimicrobial peptide defenses against chytridiomycosis, an emerging infectious disease of amphibian populations. – Dev Comp Immunol. 29(7): 589–598.

Ryboltovsky, E. (1999a): Biologie und Nachzucht von *Theloderma corticale* aus Vietnam. – Elaphe 7(3): 20–22.

– (1999b): *Theloderma corticale*: wonderful amphibians. Biology, keeping, breeding. – International Zoo News 46(6), 295: 347–352.

– (2000): Keeping and breeding of warty

paddle-leg frogs (*Theloderma*). – Scientific Researches in Zoological Parks 12: 146–153.

SAZIMA, I. (1974): Experimental predation on the leaf-frog *Phyllomedusa rohdei* by the water snake *Liophis miliaris*. – Journal of Herpetology 8: 376–377.

– (2006): Theatrical frogs and crafty snakes: predation of visually-signalling frogs by tail-luring and ambushing pitvipers. – Aqua: journal of ichthyology & aquatic biology. Zusammenfassung online unter: http://www.accessmylibrary.com/coms2/summary_0286-31222443_ITM. Stand: 19.12.2009.

SCHULTSCHIK, G. (2006): Konzept einer Aufzuchtanlage für Schwanzlurchlarven. – amphibia 5(2): 13–15.

SCHWARZ, B. & W. SCHWARZ (2008): Bromelien, Orchideen und Farne im Tropenterrarium. 3. Auflage. – Natur und Tier - Verlag, Münster.

STUART, B.L. & H.F. HEATWOLE (2004): A new *Philautus* (Amphibia: Rhacophoridae) from Northern Laos. – Asiatic Herpetological Research 10: 17–21.

– & D.A. EMMETT (2006): A collection of amphibians and reptiles from the Cardamom Mountains, southwestern Cambodia. – Fieldiana: Zoology 109: 1–27.

TAPLEY, B. (2007): *T. stellatum* husbandry guidelines. – Internes pdf der Amphibian and Reptile TAG der EAZA.

TAYLOR, E.H. (1962): The amphibian fauna of Thailand. – Kansas Univ. Sci. Bull. 43: 265–599.

TEYNIÉ, A., P. DAVID & A. OHLER (2010): Note on a collection of Amphibians and Reptiles from Western Sumatra (Indonesia), with the description of a new species of the genus *Bufo*. – Zootaxa 2416: 1–43.

WASSERSUG, R.J., K.J. FROGNER & R.F. INGER (1981): Adaptations for life in tree holes by rhacophorid tadpoles from Thailand. – Journal of Herpetology 15(1): 41–52.

WEBB, R, D. MENDEZ, L. BERGER & R. SPEARE (2007): Additional disinfectants effective against the amphibian chytrid fungus *Batrachochytrium dendrobatidis*. – Dis Aquat Organ., 74(1): 13.

WILKINSON, J.A. & R.C. DREWES (2000): Character assessment, genus level boundaries, and phylogenetic analyses of the family Rhacophoridae: a review and present day status. – Contemporary Herpetology 2. Online unter http://www.contemporaryherpetology.org/ch/2000/2/index.htm (Stand: 12.12.2008).

–, – & O.L. TATUM (2002): A molecular phylogenetic analysis of the family Rhacophoridae with an emphasis on the Asian and African genera. – Molecular Phylogenetics and Evolution 24 (2): 265–273.

WELDON C., L.H. DU PREEZ, A.D. HYATT, R. MULLER & R. SPEARS (2004): Origin of the amphibian chytrid fungus. – Emerg Infect Dis., 10(12): 2100–2105.

WILMS, T. (2008): Terrarieneinrichtung. Grundlagen, Materialien, Methoden. 4. Auflage. – Natur und Tier - Verlag, Münster.

WÖHRMANN, T. (2003): Histopathologische Untersuchungen zum Streichholzbeinsyndrom bei Froschnachzuchten. – Vortrag im Rahmen der 46.Tagung der Fachgruppe „Pathologie" in der Deutschen Veterinärmedizinischen Gesellschaft, Bamberg.

WRIGHT, K.M. & B.R. WHITAKER (2001): Amphibian medicine and captive husbandry. – Krieger Publishing Company, Malabar.

YU, G.-H., D.-QI RAO, J.-X. YANG & M.-W. ZHANG (2007): Non-monophyly of *Rhacophorus rhodopus*, *Theloderma* and *Philautus albopunctatus* inferred from mitochondrial 16S rRNA gene sequences. – Zoological Research 28(4): 437–442.

–, –, – & – (2008): Phylogenetic relationships among Rhacophorinae (Rhacophoridae, Anura, Amphibia), with an emphasis on the Chinese species. – Zoological Journal of the Linnean Society 153(4): 733–749(17).

ZHAO, E.-M. & K. ADLER (1993): Herpetology of China. – Society for the Study of Amphibians and Reptiles (Contributions to Herpetology 10), Oxford, Ohio.

Theloderma horridum Foto: K. Kunz

Literatur vom NTV

Jede Menge Antworten auf Fragen rund um Ihr Hobby

Wer sich den Wunsch erfüllen möchte, sich mit einem Terrarium ein Stück Natur ins Haus zu holen, der kommt bei der naturnahen Gestaltung dieses Lebensraumes für seine Pfleglinge nicht an einer Bepflanzung vorbei. Pflanzen erhöhen nicht nur den Schauwert eines Terrariums, sie verbessern auch das Klima und bieten den Tieren zudem Deckung und Versteckplätze. Manche Amphibien und Reptilien sind außerdem sehr eng an gewisse Pflanzen gebunden. Deshalb erfüllt die Bepflanzung im Terrarium eine ganze Reihe von Funktionen und stellt einen wichtigen Bestandteil der Einrichtung dar.

„Diese Buch bietet alles Wissenswerte zur Pflege von Terrarienpflanzen, zur Gestaltung naturnaher Terrarien und zur Auswahl geeigneter Pflanzenarten!"
Zoologischer Zentralanzeiger 2/2009

Pflanzen im Terrarium
B. Akeret
400 S., über 1000 Abb.
ISBN 978-3-86659-060-1
39,80 €

Prächtig bepflanzte Tropenterrarien – mit diesem Buch kein Problem! Die Autoren verraten die besten Tipps und Tricks.

Bromelien, Orchideen und Farne im Tropenterrarium
B. & W. Schwarz
128 Seiten, 181 Farbfotos
ISBN 978-3-931587-52-9
19,80 €

Natur und Tier - Verlag GmbH
An der Kleimannbrücke 39/41 · 48157 Münster
Telefon: 0251-13339-0 · Fax: 0251-13339-33
E-Mail: verlag@ms-verlag.de

www.ms-verlag.de